U0193147

山西庙宇的远景，无论大小都有两个特征：一是立体的组织，权衡俊美，各部参差高下，大小相依附，从任何观点望去均恰到好处；一是在山西，砖筑或石砌物，斑彩醇和，多带红黄色，在日光里与山冈、原野同醉，浓艳夺人，尤其是在夕阳西下时，砖石如染，远近殷红映照，绮丽特甚。

梁思成
Liang Sicheng

编著・李广洁 谢琛香

摄影・李广洁 王俊彦等

山西出版传媒集团

三晋出版社

图书在版编目（CIP）数据

来山西看中国古建筑 / 李广洁，谢琛香编著 .—太原：三晋出版社，2023.7（2024.8 重印）
ISBN 978-7-5457-2760-9

Ⅰ．①来… Ⅱ．①李… ②谢… Ⅲ．①古建筑—山西—普及读物 Ⅳ．① TU-092.2

中国国家版本馆 CIP 数据核字（2023）第 145243 号

来山西看中国古建筑

编　　著：李广洁　谢琛香
责任编辑：任俊芳
助理编辑：董　颖
特邀审读：王　炜　庞心雅
责任印制：李佳音
书籍设计：王利锋

出 版 者：山西出版传媒集团·三晋出版社
地　　址：太原市建设南路21号
电　　话：0351—4956036（总编室）
　　　　　0351—4922203（印制部）
网　　址：http://www.sjcbs.cn

经 销 者：新华书店
承 印 者：山西基因包装印刷科技股份有限公司

开　　本：787mm×1092mm　1/16
印　　张：25.25
字　　数：280千字
版　　次：2023年7月　第1版
印　　次：2024年8月　第3次印刷
书　　号：ISBN 978-7-5457-2760-9
定　　价：128.00元

如有印装质量问题，请与本社发行部联系　电话：0351—4922268

来山西看古建筑——看什么？怎么看？

像唐诗在中国文学史上的辉煌一样，唐代的木结构建筑在中国古代建筑史上以气魄宏伟、庄重大气闻名于世，具有至尊的地位，当时就有不少国家仿效唐代的建筑。日本对唐代文化顶礼膜拜，在日本国内建造了一些唐代风格的建筑。日本学者以为经过天灾人祸，中国的唐代建筑已经荡然无存，便狂妄地说："在中国已经很难看到由唐朝所遗留下来的木质建筑，要看唐代原汁原味的木质建筑，只能到我们日本的奈良和京都来。"

1937 年 6 月，全面抗战爆发前，建筑学家梁思成、林徽因等人根据敦煌壁画上的有关线索，来到山西省的五台山寻找可能遗存下来的唐代建筑，终于发现了建于唐大中十一年（857）的佛光寺东大殿，打破了日本学者的断言。1953 年，文物工作者又在五台县发现了建于唐建中三年（782）的南禅寺大佛殿。从梁思成先生发现佛光寺开始，建筑史学界专家的目光就都被吸引到了山西。在历次的文物普查中，山西不断地报告有新的发现，一次又一次改写中国古建筑史。例如，2011 年修缮万荣县太赵村的稷王庙时，在大殿内发现墨书题记，证明该殿修建于北宋天圣元年（1023），是我国现存唯一的一座北宋庑殿顶建筑。梁思成先生曾遗憾未见到北宋庑殿顶建筑遗存，万荣稷王庙大殿的发现，弥补了这一缺憾。

山西遗存的早期古建筑数量最多，唐代至元代的木结构建筑，山西有518座，占到全国的82%。山西古建筑的历史跨度最长，从唐代到清代1000余年，历经唐、五代、宋、辽、金、元、明、清各代。山西古建筑的品质最高，每个时段的代表性建筑在山西都有遗存。山西古建筑的分布面广，山西的东西南北各地都有令人赞叹的古建筑。到山西看古建筑，就如同进入一个纵跨千年的古建筑艺术博物馆。

我国遗存的早期古建筑，绝大部分在山西境内。中国早期古建筑的发展脉络，只有在山西才能有所领略。通过对唐代、五代几座建筑铺作的对比观察，我们可以梳理出早期古建筑铺作形制的演变情况。通过对近百座宋、辽、金、元典型建筑的梁架特色对比观察，我们可以看出中国古建筑在这400年间既有传承又有创新的发展轨迹。

20世纪30年代，梁思成先生在考察了山西的一些古建筑后，作出了这样的评价："山西庙宇的远景，无论大小都有两个特征：一是立体的组织，权衡俊美，各部参差高下，大小相依附，从任何观点望去均恰到好处；一是在山西，砖筑或石砌物，斑彩醇和，多带红黄色，在日光里与山冈、原野同醉，浓艳夺人，尤其是在夕阳西下时，砖石如染，远近殷红映照，绮丽特甚。"

山西是中国古建筑的宝库，古建筑之多、之美令人目不暇接。对于一般游客来说，面对数量庞大的古建筑，如果不得欣赏的要领，就犹如雾里看花。为了帮助游客解决在山西看哪些古建筑、怎么看精美的古建筑这两大问题，本书从古建筑艺术的角度切入，在浩如烟海的山西古建筑中，选择最具有建筑艺术价值的珍品100处，指出这些古建筑的看点，使游客更好地欣赏中国的古建筑之美，更深入地领略山西厚重的历史文化。

古建筑之美体现在多个方面。一看屋顶：漂亮的屋顶具有夺人眼球的效果，屋顶样式是古建筑等级的象征，庑殿顶体现的高贵、重檐顶体现的恢宏、十字歇山顶体现的典雅、卷棚顶呈现的柔美线条，逐渐升高的屋檐呈现的弧线、高挑的檐角体现的飘逸，这些都是古建筑的"顶上功夫"。二看斗拱：斗拱是中国古建筑特有的构件，是建筑物的柱子与屋顶之间的过渡部分。斗拱体现出建筑美学与建筑力学的交融，它在建筑中是承上启下、传递荷载的构件。采用榫卯结构、杠杆原理的斗拱成为古建筑结构层的组成部分，增强了建筑的稳定性；斗、拱、昂的变化组合增加了建筑的美感。三看梁架：山西的古建筑多为抬梁式构架，柱上承梁，梁上承矮柱或驼峰，矮柱或驼峰之上承平梁，进深较大的建筑形成多层梁架，大梁或平梁两侧有叉手、托脚承托檩木，纵横相交，层层抬起，结构牢固，造型美观。不同时期、不同区域的建筑梁架极富变化，形成各自的建筑之美。四看天花板：山西不少古建筑的天花板制作考究，有五彩斑斓的平綦、制作精巧的藻井、巧夺天工的天宫楼阁，是古建筑中的小木作精品，在天花板上构成了绚丽多彩的立体画面。五看柱网：为了扩大祭祀空间，在古建筑中的主殿内减去大殿前部的柱子，一些内柱移开其本应所处的位置，使殿内的柱网发生变化，即减柱造、移柱造，在山西的辽、金、元建筑中最为常见。

壁画、彩塑、雕刻是中国古代建筑的有机组成部分，它们在建筑中不只起装饰作用，而且对古建筑观赏性、艺术性、灵动性都有极大的提升，是中国古建筑民族风格的体现，是每个时代艺术水平的呈现。正像赵朴初先生所说："无佛不成庙，无画不成古。"壁画、彩塑、雕刻让古建筑充满活力，具有了浓郁的生活气息，装饰之美与结构之美共同构成了中国古建筑之美。为了全面呈现山西古建筑之美，本书对各处古建筑的壁画、彩塑、雕刻艺术都进行了简明扼要的赏析。

因为遗存下来的历代佛寺、道观、祠庙、官衙等官式建筑最能体现中国古建筑的雄伟、辉煌、壮丽以及木构建筑梁架、斗拱的演变，所以本书选择的都是国保文物中的官式古建筑，不包括明清民宅建筑。

深山藏古寺，乡野有美景。一座座精美的中国古建筑在山西的山川之间遗存了数百年甚至上千年。这里没有现代都市的喧嚣，只有民族建筑艺术静静地展现；这里没有一般景区人满为患的窘境，只有穿越时空与古人对话的安宁，有时就是你的个人专场。

到山西看古建——

来一次跨越千年的古建品赏之旅！

领略美不胜收的古建筑艺术盛宴！

目录 CONTENTS

一 山西北部 Northern Shanxi

三 山西东南部

Southeastern Shanxi

四 山西南部

Southern Shanxi

山西北部

Northern

Shanxi

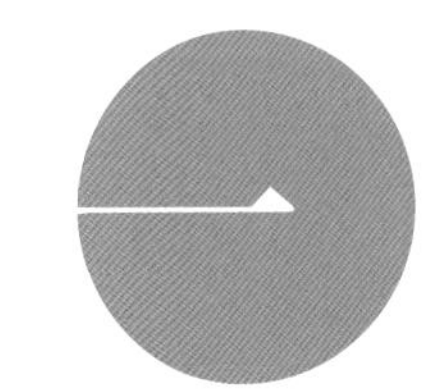

大同云冈石窟

位于大同市西郊17千米处的武州山南麓

主要看点

+ 早期石窟：即现在的第16～20窟，佛像高大，高鼻深目，面貌具有异国情调；

+ 中期石窟：含有大量建筑方面的内容，既有中国传统建筑的样式，也有古希腊的建筑风格；

+ 中期的第12窟以音乐舞蹈作为主要内容，场面宏大，十分壮观，在全国的石窟造像中绝无仅有，被称为“音乐窟”；

+ 晚期石窟：主要分布在第20窟以西，这一时期的佛像和菩萨像，面形已由圆润变得消瘦，形象清瘦俊美。

→ 云冈石窟第 20 窟大佛

云冈石窟开凿于北魏文成帝和平初年（460）以后，前后持续 70 年左右。石窟依山开凿，东西绵延 1000 米。北魏地理学家郦道元在《水经注》中描写云冈石窟的盛况：“凿石开山，因岩结构，真容巨壮，世法所希，山堂水殿，烟寺相望。”现存有主要洞窟 45 个，大小窟龛 1100 个，石雕造像 59000 余尊。云冈石窟是公元 5 世纪中国石刻艺术之冠，是最早的皇家石窟，与敦煌莫高窟、洛阳龙门石窟和天水麦积山石窟并称为中国四大石窟艺术宝库。1961 年，云冈石窟被列为全国首批重点文物保护单位。2001 年 12 月，被联合国教科文组织列入世界遗产名录。

学术界按石窟形制、造像内容和样式的发展，把云冈石窟分为早、中、晚三个阶段。

早期石窟：即现在西部的第 16 ～ 20 窟，亦称为“昙曜五窟”。据《魏书》记载，文成帝即位后，采纳高僧昙曜的建议，“于京城西武州塞，凿山石壁，开窟五所，镌建佛像各一，高者七十尺，次六十尺，雕饰奇伟，冠于一世”。早期石窟都雕刻巨大的佛像，也称“大佛窟”。“昙曜五窟”平面为椭圆形或杏仁形，穹窿顶，佛像形制古拙，洞内壁面布满众多的小佛小龛，雕刻很浅。其主造像为三尊佛像（中间的主佛和两侧的胁侍），佛像高大，高鼻深目。因为有外来僧人、雕刻匠人的参与，佛像的面貌具有异国情调。其雕刻艺术继承了汉代的优秀传统，又融合了古印度犍陀罗艺术的精华，气势雄伟，造像风格浑厚、质朴。“昙曜五窟”的大佛各代表一位北魏皇帝，学术界公认第 18 窟的大佛对应的是太武帝拓跋焘，佛像庄严，鼻梁笔直，双耳及肩，右臂下垂，左手举于胸前，身披袈裟。佛像身上的袈裟很有特色，上面刻满小佛像，数以千计的小佛像随着袈裟的衣纹整齐排列。在世界佛教造像中，像这样的千佛袈裟是绝无仅有的。曾经大肆灭佛的北魏太武帝，在他去世后的塑像上布满成百上千的佛像，其中的深意耐人寻味。第 18 窟是早期石窟中造像组合最完备的洞窟，主尊身披千佛袈裟，东、西两侧对称分布着一立佛、一菩萨、十弟子。立佛端庄慈祥，菩萨高贵典雅，10 位弟子相貌各异，均为西方人特征。第 17 窟的“思惟菩萨”面带微笑，右手托腮，为云冈最美菩萨之一。第 17 窟南壁东侧的菩萨造像，体态丰满、身姿婀娜，堪称唐风之源。

中期石窟：主要是第 16 窟往东的第 11、12、13 窟，第 9、10 窟，第 7、8 窟，第 5、6 窟，第 1、2 窟。这些洞窟开凿于云冈石窟的鼎盛阶段，历时 40 余年。这一时期是北魏迁都洛阳以前的孝文帝时期，因为有强盛的国力做后盾，雕凿出的佛像更为繁华精美。

中期石窟的平面多为方形，窟前一般有长方形前室，壁上多佛迹及建筑雕饰。中期石窟含有大量建筑方面的内容，第 2 窟的中心塔柱上有屋檐、垂檐柱、柱头铺作一斗三升、补间铺作为人字拱；在第 12 窟的前室西壁中部有三间仿木结构的屋形佛龛，柱头铺作一斗三升、补间铺作为人字拱。（在太原的天龙山石窟第 1 窟北齐石窟，柱头铺作为人字拱，补间铺作为一斗三升。到了天龙山石窟的第 8 窟隋代石窟，补间铺作又为人字拱。）

而以第 9、10 双窟的石刻建筑最为典型。这一双窟为前后室，前

↑ 云冈石窟第 18 窟大佛东侧弟子造像

↓ 云冈石窟第 9 窟前室北壁盝形龛，有涡旋的爱奥尼亚柱头装饰

← 云冈石窟第 17 窟南壁东侧的菩萨造像

室的墙面呈现了种类繁多的建筑形式。前室与后室之间是中国传统的庑殿式门楼，门楼的屋顶雕刻屋脊、鸱尾、脊饰、瓦垄，檐下雕刻一斗三升、人字拱。在前廊的东、西壁上部，都有 3 间仿木结构的屋形佛龛。西壁上部雕刻屋脊、鸱尾、瓦垄，方形塔柱上置阑额，普拍枋上有一斗三升、人字拱。在前室的门楼两侧的盝形龛出现了两组 4 根带有涡旋的爱奥尼亚柱头，这是典型的古希腊建筑风格。前室的窟顶雕刻方格的平棊，一对一对的飞天在莲花间欢快地飞舞，雕刻技艺之精湛令人赞叹。前室正面上方，在左、中、右三组 18 个圆拱佛龛内各站一人持乐演奏，前面有一排栏杆。第 9 窟主室南壁东侧，出现台阶栏杆。第 12 窟前室西壁，有波斯风格的兽形柱头雕刻。

→ 云冈石窟第 9、10 双窟的前室与后室之间的中国传统庑殿式门楼

→ 云冈石窟第 9 窟前室的窟顶雕刻方格的平棊

→ 云冈石窟第 12 窟前室西壁有波斯风格的兽形柱头雕刻

← 云冈石窟第6窟中心塔柱（供图：云冈研究院）

→ 云冈石窟第7窟“云冈六美人”（供图：云冈研究院）

在云冈石窟中，有120多座石刻佛塔，雕饰最华丽、最高的是第6窟中的4个塔柱，中心塔柱的第二层有4个九层佛塔柱，形成“塔中塔”的效果。

中期石窟造像的服饰，呈现出多元化风格。在中期石窟的供养人形象中，可以看到具有明显的鲜卑族服饰特色的鲜卑帽，如第8、12窟中都有出现。在第5、6窟的西壁、东壁，我们可以看到佛像身着褒衣博带的汉式服饰。第7窟南壁有6尊半跪相对的供养天，端庄秀丽、风姿绰约，被称作“云冈六美人”。在第11、12、13窟外壁的佛龛中，佛像已经趋于清瘦俊美的汉化风格。

中期洞窟的壁面布局上下分层、左右分段，造像题材内容多样化。中期石窟开凿阶段也是佛教石窟艺术“中国化”的时期，其艺术特点是造型精美、雕饰华丽。需要特别提到的是第12窟，该石窟以音乐舞蹈作为主要内容，场面宏大，十分壮观，在全国的石窟造像中绝无仅有，因此被称为“音乐窟”。石窟内布满了大量的舞蹈飞天和手持乐器的伎乐，手拿乐器演奏的伎乐有40多位，他们所持的乐器式样繁多，共14种44件，大部分是具有游牧民族特色的乐器，如羯鼓、

← 云冈石窟第12窟，手拿各种乐器的伎乐和舞蹈飞天（供图：云冈研究院）

细腰鼓、曲项琵琶、筝、竖箜篌、筑、羌笛、五弦、排箫等。该石窟所表现的音乐舞蹈场景，应该是当时北魏首都平城艺术活动的情景再现。站在石窟前，仿佛可听到1500年前那具有浓郁草原风格的民族音乐旋律。（在云冈石窟中，有各类乐器28种530余件。）

晚期石窟：北魏迁都洛阳之后，云冈石窟未再进行大规模开凿，但凿窟造像之风在社会的中下阶层流行起来，他们开凿了大量的中小型洞窟，一直延续到北魏孝明帝正光五年（524）。这一时期的中小型洞窟，主要分布在第20窟以西，还包括第4窟、14窟、15窟和11窟以西崖面上的小龛，以及第16、17、18窟明窗两侧的龛像。这一时期的佛像和菩萨像，面形已由圆润变为消瘦，颈长、肩窄，形象清瘦俊美，这种造像是北魏晚期出现的一种典雅清新的艺术形象，是佛教造像"汉化"的体现。

第3窟后室的一佛二菩萨造像，在艺术表现形式上与其他洞窟的造像风格迥异，五官的轮廓已经完全没有了北魏时期的棱角，代之以丰满圆润的风格，应该是北齐或者隋唐时期的作品。

在中国石窟艺术发展史上，云冈石窟是佛教艺术传入中国的实证，在装饰花纹上输入了大量的新题材、新刻法，促进了中国雕刻艺术的创新。在漫长的云冈石窟开凿过程中，佛教造像在中国逐渐开始民族

↑ 云冈石窟第17窟明窗东侧的“交脚菩萨”“思惟菩萨”

↓ 云冈石窟第3窟后室的一佛二菩萨造像

化。在特定的历史阶段、特有的地理区位、特有的民族宗教背景下，多种佛教艺术造像风格在云冈石窟实现了前所未有的融会贯通，由此而形成的“云冈模式”成为中国佛教艺术发展的转折点。

云冈石窟是人类文化的重要遗产，它是一个时代的缩影，是鲜卑族从草原到中原腹地过渡时期的文化体现，是壮丽灿烂的盛唐文明的前奏，是南北民族交融、中西文化交流的硕果。

大同华严寺

位于大同古城内西南隅

主要看点

+ 上寺大雄宝殿正脊上的琉璃鸱吻是中国古建筑中最大的琉璃吻兽；
+ 大雄宝殿的三个门，是国内现存古建筑中最早的壶门实例
+ 下寺薄伽教藏殿的补间铺作形制特殊，没有令拱、耍头；
+ 下寺薄伽教藏殿的转角铺作也有创新之处，在角栌斗上增出两层抹角拱，这种形制在唐宋建筑中很少见；
+ 下寺薄伽教藏殿的彩塑是辽代彩塑精品，殿内的“合掌露齿”胁侍菩萨像被称为“东方维纳斯”；
+ 下寺薄伽教藏殿内的两层楼阁式藏经柜，是国内罕见的辽代小木作；
+ 下寺薄伽教藏殿殿内屋顶上的平棊和藻井上的彩绘是辽代作品，艺术价值极高。

→ 华严寺上寺大雄宝殿

↑ 华严寺上寺大雄宝殿补间铺作

↓ 华严寺上寺大雄宝殿的壶门

华严寺始建于辽重熙七年（1038），金天眷三年（1140）重建。清宁八年（1062），契丹皇室在华严寺“奉安诸帝石像、铜像”，可见辽代的华严寺属于皇家建筑。华严寺分为上、下二寺，上寺大雄宝殿建于 4 米多高的台基上，面阔九间，进深十椽，单檐庑殿顶，总面积 1559 平方米，是国内现存面积最大的辽金佛教殿堂。不像中国传统的正殿都是坐北朝南，上寺大雄宝殿是坐西朝东，这是明显的契丹民族风格。他们崇拜太阳，以东为尊。

大殿举折平缓，出檐深远，檐高 9.5 米，出檐达 3.6 米，气势雄伟。正脊两端的琉璃鸱吻高达 4.5 米，是中国古建筑中最大的琉璃吻兽。檐下的柱间有阑额，阑额之上有普拍枋，阑额、普拍枋皆出头。前檐铺作为五铺作双杪，铺作硕大。大殿的三个门为壶门（佛龛形的门，佛教建筑中尊贵场所的入口处一般采用壶门样式，现存古建筑中壶门多见于台基）形制，这是国内现存古建筑中最早的壶门实例。大殿内外的铺作形制多样，富有变化。当心间的补间铺作出 60° 斜拱，梢间的补间铺作出 45° 斜拱。补间铺作的栌斗下有小驼峰，这是辽代建筑特有的。殿内采用了减柱造、移柱造，最左侧、最右侧两缝梁架是标准的五间六柱，在纵向用了 4 根内柱，而中间部分的六缝梁架各用 2 根柱子，各减去了 2 根柱子，共减少了 12 根金柱，剩余的 12 根金柱都移动了位置，极大地扩大了殿内的祭祀空间。减柱造、移柱造在辽代开始广泛使用，华严寺大雄宝殿可以作为代表。殿内屋顶漂亮的平棊和藻井是明代的作品。

殿内佛坛上供奉 5 尊主佛、6 尊胁侍菩萨，中间的 3 尊主佛为木质金身，胁侍菩萨为彩塑，皆为明代作品。左右两列为二十诸天彩塑，每列 10 尊，体型高大。每尊彩塑都向前大幅倾斜，通过这种前倾的姿态表达对主佛的虔诚。像华严寺这种向前大幅倾斜的高大彩塑，在古代寺庙中比较少见。

↑ 华严寺上寺大雄宝殿内景

↓ 华严寺上寺大雄宝殿二十诸天彩塑局部

← 华严寺下寺薄伽教藏殿的补间铺作

← 华严寺下寺薄伽教藏殿的转角铺作

→ 华严寺下寺薄伽教藏殿屋顶藻井

下寺的主殿为薄伽（bóqié）教藏殿，是华严寺的藏经殿，也是坐西朝东，面阔五间，进深八椽，单檐歇山顶。殿内右侧椽底有“维重熙七年岁次戊寅九月甲午朔十五日戊申午时建”的题记，说明这座建筑是辽代的原物。前檐的柱头铺作为五铺作双杪，耍头为短促的批竹式。补间铺作形制特殊，也是五铺作双杪，但第一跳跳头只有瓜子拱而没有慢拱，第二跳跳头的栌斗直接承替木托橑风榑，没有令拱、耍头。这种补间铺作的形制与芮城广仁王庙的铺作形制相似，但又不完全一样，说明了该殿的铺作风格继承了唐代的一些做法。转角铺作也有创新之处，在角栌斗上增出两层抹角拱，用来增强转角铺作的稳固性，这种形制在唐宋建筑中少见。殿内的梁架结构为四椽栿对前后乳栿用四柱。

殿内佛坛上有辽代彩塑29尊，具有端庄圆润的唐代风韵，郑振铎先生高度赞美殿内的塑像：“简直是一个博物馆，这里的佛像，特别是倚立着的几尊菩萨像，是那样的美丽。那脸部、那眼睛、那耳朵、那双唇、那手指、那赤裸的双脚、那婀娜的细腰，几乎无一处不是最

← 华严寺下寺薄伽教藏殿内的“合掌露齿”胁侍菩萨像

→ 华严寺下寺薄伽教藏殿两层楼阁式藏经柜

美的制造品，最漂亮的范型。”在满堂的彩塑中，有一尊面带微笑的“合掌露齿”胁侍菩萨像最为生动——塑像高约 2 米，赤足站立于莲花台上，体态婀娜，臂悬飘带，双目半睁，朱唇小开，露齿微笑，两手合十，被称为“东方维纳斯”。

在薄伽教藏殿内四周，依墙壁有两层楼阁式藏经柜，共 38 间。在后窗户之上，建了一座拱桥，将窗户两侧的藏经柜连接起来，拱桥上建有一座五间的天宫楼阁。藏经柜分上下两层，下层存放经书，上层是佛龛。佛龛外有勾栏，勾栏的栏板皆以镂空图案雕刻而成，共 37 种图案。佛龛上有屋顶、脊饰、鸱吻、铺作等构件，是国内稀见的古建筑模型。藏经柜共用了 17 种铺作，形制多样，其中柱头铺作为双杪双下昂七铺作。藏经柜使用的铺作是辽代建筑最复杂的铺作样式，是罕见的辽代小木作精品。殿内屋顶上的平綦和藻井上的彩绘是辽代作品，艺术价值极高。

大同善化寺

位于大同古城南侧

主要看点

+ 山门面阔五间，是现存金代佛寺中最大的山门；

+ 三圣殿东、西次间的补间铺作都加了斜拱，漂亮的斜拱出现，使铺作如同盛开的花朵；

+ 三圣殿普拍枋之下用双层阑额，为此前所未见；

+ 三圣殿内的梁架在六椽栿上立蜀柱支撑四椽栿的做法，是以前的建筑中未曾出现过的；

+ 普贤阁的铺作形制特殊，上檐次间的柱头铺作与补间铺作、转角铺作通过瓜子拱连为一体，比较少见；

+ 普贤阁下檐的柱头铺作没有令拱、耍头；

+ 大雄宝殿内的彩塑皆为金代作品，雕塑技艺精湛，殿内的二十四诸天王是殿内彩塑最精彩的部分。

寺内的山门、三圣殿、普贤阁、大雄宝殿为辽金时期的建筑。梁思成先生考察善化寺时赞叹曰："其大殿、普贤阁、三圣殿、山门四处，均为辽金二代遗构。不意一寺之内，获若许珍贵古物，非始料所及。"根据山门、三圣殿、大雄宝殿三座庑殿顶这样高等级的建筑来看，善化寺也属于辽金时期的皇家建筑。

山门面阔五间，进深四椽，单檐庑殿顶，是现存金代佛寺中最大的山门，也是古寺庙中比较少见的庑殿顶山门。前后檐和山面的补间铺作都用了两朵，显得铺作十分密集。柱头铺作和补间铺作皆为五铺作单杪单昂，柱头铺作的第二跳是水平放置的假昂，补间铺作的第二跳则是插昂。山门的梁栿都作月梁式，这在辽金建筑中较为少见。因为山门内使用了一列中柱，所以前后乳栿代替了四椽栿，前后劄牵代替了平梁。

三圣殿重建于金天会至皇统年间，是金代初期的代表性建筑。面阔五间，进深八椽，单檐庑殿顶，屋顶的垂脊弧度很大，形成美丽的弧

↑ 善化寺山门是现存金代佛寺中最大的山门

↓ 善化寺山门的月梁式梁栿

↑ 善化寺三圣殿屋顶的垂脊弧度很大，形成美丽的弧线

↓ 善化寺三圣殿普拍枋之下的双层阑额及东次间的补间铺作

线。檐柱生起明显，屋檐也形成漂亮的弧线。前檐铺作硕大，为六铺作单杪双下昂，东、西次间的补间铺作每跳都加了 45° 斜拱，最上层出现 7 个并排的耍头，漂亮的斜拱出现，使屋檐下的铺作如同盛开的花朵，具有明显的装饰作用。三圣殿的斜拱是金代建筑中最漂亮的铺作，与屋顶争抢着人们的视线。梁思成先生评价三圣殿的铺作："含有无限力量，颇足以表示当时方兴未艾之朝气。"柱头的扶壁拱为重拱式。普拍枋之下是双层阑额，为此前所未见。殿内采用减柱法、移柱法，前边一排减柱 2 根，第二排减柱 4 根，后排保留 2 根内柱（2 根辅柱应该是后来所加），共减柱 8 根。当心间的 2 根内柱在后檐的中平槫之下，次间的 2 根内柱则移位到后檐的上平槫之下。由于采用

↑ 善化寺三圣殿梁架结构

↓ 善化寺普贤阁上檐次间的柱头铺作、补间铺作、转角铺作连为一体（摄影：黑故）

了减柱法、移柱法，殿内的梁架结构也发生了变化。当心间为六椽栿对乳栿，六椽栿、乳栿都为双层，在六椽栿上立蜀柱，与金柱一同支撑四椽栿。次间则是五椽栿对三椽栿，其上增加了一条较细的内额，内额上设斗拱承托四椽栿。在六椽栿上立蜀柱的做法，陵川的南吉祥寺曾出现过，不同的是，三圣殿在六椽栿上立蜀柱支撑四椽栿，南吉祥寺六椽栿上的蜀柱直接支撑平梁。

普贤阁面阔三间，进深六椽，是一座二层歇山顶的楼阁式建筑，建于金贞元二年（1154）。普贤阁采用平坐暗层做法（即在两个明层之间建一暗层），细部结构保留了一些唐代建筑特征。整体结构精巧，形制古朴。下檐铺作、平坐铺作第二跳的跳头上没有令拱、耍头（下檐有替木），与芮城广仁王庙大殿的铺作形制一样。上、下檐铺作与平坐铺作虽然都是双杪，但每层第一跳跳头上的横拱不一样，下檐第一跳跳头为翼形拱，平坐第一跳跳头为单拱，上檐第一跳跳头为重拱。上檐的铺作别具特色，明间的补间铺作为 60° 斜拱，次间的柱头铺作与补间铺作、转角铺作通过瓜子拱连为一体，柱头铺作与补间铺作、转角铺作的泥道拱也相连，比较少见。

大雄宝殿是善化寺的主殿，是在战火中幸存的辽代建筑。面阔七间，进深十椽，单檐庑殿顶。前檐铺作为五铺作双杪，当心间的补间铺作出 60° 斜拱；次间的补间铺作出 45° 斜拱，补间铺作的栌斗下垫一驼峰；梢间的补间铺作第一跳跳头仅置翼形拱。大殿运用了减柱法，殿内本为两圈内柱，但外圈内柱减掉了前面 4 根，内圈内柱减掉了后面 4 根，共减去 8 根内柱，殿内的空间十分宽敞。殿内正中有漂亮的平綦、藻井，为辽代作品。长方形的藻井口有一圈斗拱，之上一周的斜板上彩绘佛像。八边形的藻井内口南北两端有菱形、方形的小平綦，四角各绘一只凤凰。藻井的核心部分悬挑两层斗拱，下层是七铺作，上层为八铺作，制作精湛。藻井中央绘双龙戏珠图，为明代作品。

殿内正中供有 5 尊佛像及两弟子、两胁侍，东西两侧有二十四诸

← 善化寺大雄宝殿辽代藻井（摄影：吴运杰）

→ 善化寺大雄宝殿二十四诸天彩塑之一、之二

天塑像，皆为金代作品，雕塑技艺精湛。5尊佛像的面部圆润，嘴巴较小，下巴凸出，表情刻画细腻。两弟子迦叶、阿难，一老一少，迦叶笑容满面，阿难若有所思，栩栩如生。主尊毗卢遮那佛的金色背光与殿顶的藻井衔接，在视觉上融为一体，使富丽堂皇的藻井成为主尊的背景，强调了毗卢遮那佛的至尊地位。二十四诸天是佛教中的护法神，殿内的二十四诸天像，是山西省现存古寺庙中最早的此类题材的彩塑。殿内的二十四诸天王彩塑呈现的是他们正恭敬聆听佛法的情景。这24尊金代彩塑是殿内彩塑最精彩的部分，他们大部分形象平和，有的为女性形象，神情都极具个性。《大金西京大普恩寺重修大殿记》对殿内的造像称赞曰："睟容庄穆，梵相奇古。慈悯利生之意，若发于眉宇；秘密拔苦之言，若出于舌端。"梁思成先生曾对殿内彩塑予以高度评价："殿内诸像，雕塑甚精美，姿态神情，各尽其妙。"

大同关帝庙大殿

位于大同市鼓楼东街

主要看点

+ 大殿六椽栿与四椽栿几乎挨到一起，六椽栿之上用铺作直接承托四椽栿，四椽栿之上的驼峰上坐铺作承托平梁，属于“梁栿驼峰铺作式”，比较少见；

+ 殿内 3 座雕刻精细的重檐神龛，为清代小木作的精品。

↑ 关帝庙献殿、大殿

↓ 关帝庙大殿内雕刻精细的重檐神龛

关帝庙大殿建于元代，面阔三间，进深六椽，单檐歇山顶。殿前的卷棚式抱厦面阔三间，进深四椽，是清代为扩大祭祀活动的空间所增建。大殿柱头卷杀，角柱侧脚明显，翼角飞起。大殿内的六椽栿、四椽栿、平梁之间空间很小，六椽栿与四椽栿几乎挨到一起，六椽栿之上用铺作直接承托四椽栿，四椽栿之上的驼峰上坐铺作承托平梁，比较少见。大殿平梁的蜀柱顶端出现十字相交拱，继承了金代建筑的

↑ 关帝庙大殿六椽栿之上用铺作直接承托四椽栿，四椽栿之上的驼峰上坐铺作承托平梁

↓ 关帝庙大殿平梁的蜀柱顶端的十字相交拱

做法。大殿后槽置内柱两根，柱子上装饰造型生动的盘龙。柱间建须弥座，须弥座上置雕刻精细的重檐木质神龛一个，檐下是密集的八铺作斗拱，神龛左右各置一稍小的重檐神龛。3 座神龛两侧的隔扇门装饰的菱花做工细致。3 座雕刻精细的重檐神龛，为清代小木作精品。左、右神龛上方，清代增置的平棊上绘制龙凤图案，多姿多态。

大同九龙壁

位于大同市大东街路南

主要看点

+ 大同九龙壁是我国现存3座九龙壁中建筑年代最早、高度最高的一座；
+ 基座束腰处有一排麒麟、狮子、鹿、牛、马等动物的琉璃浮雕，形象生动；
+ 9条琉璃彩龙昂首摆尾，盘曲回绕，姿态各异，绚丽多姿。

↑ 九龙壁

九龙壁建于明洪武末年，是明太祖朱元璋第十三子朱桂代王府前的五彩照壁。九龙壁长 45.5 米、高 8 米、厚 2.02 米，是我国现存 3 座九龙壁中建筑年代最早、高度最高的一座，堪称中国九龙壁之首。（北京故宫九龙壁，壁长 29.47 米、高 3.59 米、厚 0.459 米，乾隆三十七年〈1772〉建造。北京北海九龙壁，壁长 25.52 米、高 5.96 米、厚 1.6 米，乾隆二十一年〈1756〉建造。）九龙壁由 6 层彩色琉璃砖拼砌而成，主要分为基座、壁身和壁顶 3 部分。壁顶为仿木构的单檐庑殿顶，屋檐为彩色琉璃，檐下有六铺作双杪单昂仿木斗拱 62 朵。基座为

高 2.09 米的须弥座，上雕连续的二龙戏珠图，束腰处有一排麒麟、狮子、鹿、牛、马等动物的琉璃浮雕，形象生动。壁身用 6 层共 426 块琉璃构件拼砌而成，壁面上 9 条琉璃彩龙昂首摆尾，盘曲回绕，姿态各异，绚丽多姿。9 条龙以中间的黄龙为首，张牙舞爪，双目圆瞪，龙尾向上扬起，升腾于绿色的波涛之上，颇有气势。以黄龙为中心，其他的 8 条龙对称分布在两侧，第一对是浅黄色龙，龙尾都朝向中间的黄龙；第二对为中黄色龙，头尾都朝西；第三对为紫色龙，头尾朝向相背；第四对龙呈黄绿色，头尾都朝东。

九龙壁局部（摄影：吴运杰）

天镇慈云寺

位于天镇县城西大街

主要看点

+ 慈云寺的钟、鼓楼打破了一般钟、鼓楼方形亭式的传统，变化为圆形亭式，是钟、鼓楼形制的一大突破；

+ 毗卢殿前檐柱头铺作为八铺作，补间出斜拱，色彩华丽，形似花朵盛开；

+ 毗卢殿屋顶各种各样的琉璃装饰，是明代琉璃中的艺术珍品。

← 慈云寺钟、鼓楼的屋顶为攒尖顶和圆锥形顶的结合体

慈云寺重修于明代，现存建筑有天王殿、释迦殿、毗卢殿 3 座大殿和东、西两厢的观音殿、地藏殿。

第一进院落，正面为天王殿，内有弥勒佛和四大天王塑像，大殿的拱眼壁上有五彩缤纷的各种花卉和五色龙。殿前东西两侧各有一座造型奇特的两层圆顶楼阁，即钟楼、鼓楼，为元代风格。钟楼、鼓楼分上下两层，圆形重檐攒尖顶。下层砌墙成圆形内室，墙中置 8 根

↑ 慈云寺大雄宝殿的后门为漂亮的月亮门

↓ 慈云寺第二进院与第三进院之间的双层月亮门

柱子直通上层，变为檐柱支撑楼顶的梁架；绕墙一周另有8根柱子支撑一层的梁架。上层开敞，周围有平坐围栏，屋顶上置圆形宝顶，上、下层铺作均为五铺作双杪。因为圆形的屋顶外观像草帽，所以在天镇县民间流传有“大庙盖成小庙庙，钟鼓楼盖成草帽帽”的谚语。钟、鼓楼的建筑风格，具有草原文化和中原文化相结合的特点，如此独特的建筑样式，在山西的钟、鼓楼建筑中是孤例，在全国也不多见。钟、鼓楼的屋顶为攒尖顶和圆锥形顶的结合体，类似伞架的结构，这种形制的建筑在清代皇家园林和南方园林中较为常见，但绝少用到钟、鼓楼中。慈云寺的钟、鼓楼打破了一般钟、鼓楼方形亭式的传统，变化为圆形亭式，是钟、鼓楼形制的一大突破。

第二进院落的正殿释迦殿又名大雄宝殿，面阔三间，进深六椽，单檐歇山顶。阑额、普拍枋粗壮。前檐铺作为单杪三昂七铺作，麻叶形耍头，衬方头出头。大雄宝殿的后门为雕刻漂亮的月亮门，这样精致的砖雕月亮门在寺庙中比较少见。在第二进院与第三进院之间设有东、西两个双层的月亮门。

第三进院落的正殿毗卢殿，面阔五间，进深六椽，单檐悬山顶，檐下带廊。檐下铺作密集，前檐柱头铺作为八铺作，单杪四下昂，衬方头出头；明间、次间的补间出斜拱，色彩华丽，形似花朵盛开。正脊上有龙、凤、狮子、麒麟、天马、狻猊、斗牛等走兽，造型精巧、形象生动。正脊中央有一对赤身童子，丰满圆润、活泼可爱，双手捧吉祥草，故名吉祥童子。在正脊宝顶还有一琉璃葫芦宝瓶，瓶上插铁铸莲花，上置一铁凤鸟，两翼微张，做振翅腾飞之势。此鸟插于瓶内，遇风则转，是

↑ 慈云寺毗卢殿檐下补间铺作

↓ 慈云寺毗卢殿重檐歇山顶楼阁式藏经柜

候风鸟实物。毗卢殿屋顶各种各样的琉璃装饰，是明代琉璃中的艺术珍品。殿内东西两侧现存有重檐歇山顶楼阁式藏经柜，造型别致、制作精细，为明代的小木作精品。

灵丘觉山寺塔

位于灵丘县城东南15千米的觉山寺

主要看点

+ 觉山寺塔最精美的雕刻集中在塔的基座部分，雕刻的主要题材是狮子、力士、天女、伎乐、花卉、几何纹等，造型优美、线条流畅；

+ 塔檐齐整，层距相同，使得该塔的轮廓线在视觉上有一种规整的美感。

→ 觉山寺塔（摄影：吴运杰）

觉山寺始建于北魏，是北魏孝文帝为报母恩而建的寺院。寺院西部的古塔建于辽代，现存的其他建筑是光绪十一年（1885）重建。觉山寺塔建于辽大安六年（1090），是目前国内保存最为完好、最具代表性的辽代砖塔之一。该塔为典型的辽代密檐式砖塔，八角十三级，总高 43.54 米。和其他辽金时期的密檐式砖塔一样，最精美的雕刻都集中在塔的基座部分，雕刻的主要题材是狮子、力士、天女、伎乐、花卉、几何纹等。该塔的基座分 3 部分：下部为八角形须弥座，中部为平坐围栏，上部为莲台。下部施双层基座，下束腰部每面有壶门 3 个、兽面 4 个，壶门中的怪兽似乎就要从门里爬出。上束腰部也是每面 3 个壶门，门内塑坐佛或菩萨，两侧立侍女或飞天。壶门之上雕二龙戏珠。壶门之间立一圆柱，上雕力士，力士头上坐铺作，转角力士两侧各立一盘龙柱。束腰部一周的雕刻都十分精致，人物造型优美、线条飘逸流畅。束腰以上设普拍枋，上承平坐铺作围栏，栏板上有两层细腻的雕刻。平坐之上为 3 层莲花。塔身的第一层由塔壁和内室组成，平面八角，每角有圆柱，南北开券门，东西二门为假门，其他四面为假窗。塔室四壁有 60 平方米的辽代壁画，画作艺术水平颇高。

→ 觉山寺塔基座砖雕（摄影：吴运杰）

第二层以上的塔身为实心，从第一层塔檐往上，由斗拱挑出 13 层密檐（这种塔的第一层很高，以上每层的层高很小，各层的塔檐好像紧密地重叠着，故称为密檐）。13 层塔檐逐层收分，密檐的出檐长度也逐层递减，使塔的外形呈抛物线，这种造型处理，使得数十米的高塔并不显得瘦尖。塔檐齐整，层距相同，使得该塔的轮廓线在视觉上有一种规整的美感。

← 觉山寺塔逐层收分的塔檐

应县木塔

位于应县城内

主要看点

+ 全世界现存最古老、最高大的纯木结构楼阁式建筑，是世界木结构建筑的典范；

+ 八角形的雄壮塔体，使木塔拥有一种高大壮阔的气势；底层的重檐围廊，增加了木塔的稳定感；

+ 4 个平坐的设计，增加了木塔外立面的节奏感；

+ 全塔共使用 54 种不同形式的斗拱，种类之多，世所罕见，被称为“斗拱博物馆”。

木塔建于辽清宁二年（1056），是在辽代皇室支持下建造的。它是全世界现存最古老、最高大的纯木结构楼阁式建筑，是世界木结构建筑的典范。木塔通高 67.31 米，底层直径 30.27 米。塔高 9 层，每层 8 面，每面开 3 间，5 个明层，4 个暗层（2 层以上每层出平坐），外观为五层六檐（底层为双檐），塔刹直插云霄。八角形的雄壮塔体，使木塔拥有一种高大壮阔的气势。平坐的设计使木塔在宏大之中又不失秀丽，增加了木塔外立面的节奏感。1933 年，梁思成先生考察应县木塔时，看到高大雄伟的木塔，震惊得半天喘不出气来，他赞叹曰："这塔真是个独一无二的伟大作品。不见此塔，不知木构的可能性到了什么程度。我佩服极了，佩服建造这塔的时代，和那时代里不知名的大建筑师、不知名的匠人。"赵朴初先生有诗赞曰："塔开多宝现神通，木德参天未有终。"

应县木塔的设计，继承了汉、唐以来富有民族特点的重楼形式，结构上采用双层环形套筒空间框架，每层平坐的柱子都比下一层的檐柱内缩，形成一层比一层小的优美轮廓。木塔的每大层由 4 部分构成：楼层柱框、腰檐铺作、平坐柱框、平坐铺作。除顶层以外，木塔下面 4 层中的每层都由同样的 4 个结构层堆叠而成。

全塔在结构上没用一个铁钉，全靠构件互相咬合。全塔共使用 54 种不同形式的斗拱，种类之多，世所罕见，被称为"斗拱博物馆"。斗拱的形制根据所处位置的不同而变化，第一、二层的檐下斗拱用了下昂，而高层的斗拱不再出现下昂，这是因为低层需要斗拱出跳稍远来承托相对深远的屋檐，所以用到了下昂。第三、四层的檐下斗拱分别出三杪、双杪，第五层则为半拱承单

↑ 木塔全景

↑ 木塔第二层柱头铺作、补间铺作（摄影：王俊彦）

↓ 木塔第二层转角铺作（摄影：王俊彦）

杪。每层同一部位的铺作形制尽量变化，一层围廊明间的补间铺作出45°斜拱，第二层补间铺作出60°斜拱，第三层补间铺作又出45°斜拱。每层不同部位的铺作形制也不一样，如一层围廊的柱头铺作为五铺作双杪，两次间的补间铺作虽为五铺作双杪，但没有令拱、耍头，明间的补间铺作出斜拱。第二层转角铺作的令拱为翼形拱。平坐铺作，第二、三、四层均出三杪，第五层出双杪。木塔上的铺作继承

← 木塔内景（摄影：王俊彦）

→ 木塔第一层彩塑（摄影：王俊彦）

了唐代的风格，拱瓣内凹明显。

木塔总计 2600 吨的木料都压在第一层的 32 根木柱子上，外圈 24 根，内圈 8 根。令人惊叹的是，外圈的 24 根柱子的断面直接压在柱础上，而不是凹进柱础里。

木塔第一层设巨大的斗八藻井，用八根角梁支撑，对角线跨度达 9.5 米，这是山西古建筑中最大的藻井。木塔第一层的彩塑佛像具有明显的辽代特征——耳朵上戴有耳环。

塔刹部分总高 11.77 米，由各种铁制法器从下至上依次在仰莲上组装：覆钵、相轮、露盘、仰月、宝珠，再加上 8 根铁链，十分雄伟壮观。

春

萬

应县净土寺

位于应县城内东北部

主要看点

+ 大雄宝殿天花板上的藻井建筑“天宫楼阁”富丽堂皇，制作精细，使用了上万块小木料，是一座精致的微缩建筑模型，代表了金代小木作的最高水平。

↑ 净土寺大雄宝殿内的藻井

↓ 净土寺大雄宝殿中心藻井

寺内建筑现存大雄宝殿和配殿。大雄宝殿重修于金大定二十四年（1184），面阔三间，进深六椽，单檐歇山顶。大殿角柱侧脚、生起明显，檐角飞起，屋檐弧线优美。前檐铺作简洁，为单昂四铺作。殿内采用减柱法，只在后槽用了两根金柱。

大雄宝殿内的藻井布满了整个天花板，在覆斗形的天花板上，以房梁为界，布置了9个样式各异的藻井，在藻井下方的天花板的东、北、西三面布置了8座天宫楼阁的门楼，形成“八门九星”屋顶。居中的藻井最大，为八边形，浮雕的双龙贴金，形成金龙飞舞的效果。藻井四面用上万块小木条与小木块组成“天宫楼阁”，下层四周置平坐，设栏杆，四面各开一门。藻井内，望柱、斗拱、屋檐、脊兽等建筑部件应有尽有，建筑部件的制作一丝不苟，与大型建筑物的做法完全相同。平坐铺作为五铺作，楼阁檐下铺作分为六铺作、七铺作两种。“天宫楼阁”是按照当时的建筑结构制作的一座天上宫殿，是一座精致的微缩建筑模型，代表了金代小木作的最高水平。另外 8 个藻井则呈八角、正六角、长六角、菱形等。西南角的天宫楼阁，补间铺作使用了斜拱。如此富丽堂皇的藻井建筑，在中国古建筑史上也是冠绝群伦的。梁思成先生称赞“天宫楼阁”：“构思精巧，妙微入神，玲珑细致，超类绝伦，是国宝一绝。”

← 净土寺大雄宝殿中心藻井使用了 5 层铺作

→ 净土寺大雄宝殿西南角的天宫楼阁门楼

恒山悬空寺

位于浑源县恒山金龙峡西侧翠屏峰的悬崖峭壁之间

主要看点

+ 悬空寺选址于半空，充分运用力学原理，依岩建寺，在奇险之处建造重楼叠阁，形成典型的“空中楼阁”。远远望去，只有几根细细的木柱支撑着高楼，岌岌可危，是世界建筑史上的奇葩。

壮
觀

← 悬空寺远景（摄影：黑敢）
→ 悬空寺近景（摄影：黑敢）

悬空寺原称“玄空阁”，因为整座寺院就像悬挂在悬崖之上，后改名为“悬空寺”。寺院始建于北魏太和十五年（491），现存建筑为明清时期重修。悬空寺在有限的空间上，建造了楼阁殿宇40余间，分南北两大部分，远远望去，南、北两座雄伟的三层歇山顶式高楼好像悬挂在绝壁之上，只有几根细细的木柱支撑，岌岌可危。两座高楼最高处距地面80多米，两楼之间有栈道相连，栈道上也有楼阁建筑。悬空寺的建筑充分运用力学原理，半插横梁于山岩中，借助岩石的托力为基础，形成梁柱上下一体、廊栏左右相连的稳定结构。高楼藏于岩壁、寺庙悬于半空，可谓巧夺天工。明代旅行家徐霞客曾经到此考察，其《游恒山日记》云：“西崖之半，层楼高悬，曲榭斜倚，望之如蜃吐重台者，悬空寺也。……崖既矗削，为天下巨观，而寺之点缀，兼能尽胜。依岩结构，而不为岩石累者，仅此。”

浑源圆觉寺塔

位于浑源县城内的圆觉寺中

主要看点

+ 塔座的装饰十分精致，塔的基座上就有 4 层砖雕图案；

+ 第八层与第九层的间距变大，与高高的塔基座形成呼应，这样的塔顶设计十分别致，是该塔造型的点睛之笔；

+ 塔刹上的凤凰，到现在依然可以随风旋转，这在现存的古塔中罕见。

→ 圆觉寺塔

圆觉寺塔建于金代，平面呈等边八角形，9层密檐式砖塔，高32米。该塔造型别致，轮廓秀美，是现存金代砖塔的佳作。塔座的装饰十分精致，高达4米的塔基座上就有4层砖雕图案，第一层：狮子、角花、兽面，具有浓郁的北方游牧民族风格；第二层：立体仰莲瓣4层；第三层：乐伎和舞伎人物，转角处有力士。乐伎手中拿着各种乐器，边奏边舞，乐器有10余种：编钟、琵琶、排箫、竖笛、横笛、古琴、羯鼓、檀板、腰鼓、四梁琵琶、八梁曲颈琵琶等。舞伎腰身婀娜，舞姿优美，衣袖飞舞，飘逸灵动。力士的身姿、表情刻画细腻，紧锁双眉，嘴角下弯，肩、头顶着塔檐，右手撑着膝盖，一副力扛千斤的样子。第四层：仿木作斗拱。塔身第一层是仿木的门、窗，南门是真门，可进入塔内，其他三门是装饰门，门上方各有一佛龛，龛内嵌一坐佛。北门的装饰颇有特色，门中部浮雕“妇人半掩门”图案。这种朱门半开、有妇人半露其身于户外的图案，在山西南部的新绛县宋代墓室砖雕中出现过，此处运用于塔上的假门，十分少见，应该是受到北宋文化的影响。东南、西南、东北、西北四面有装饰窗，窗为直棂窗。往上是一周仿木铺作支撑第一层塔檐，每面普拍枋上施转角铺作2朵、补间铺作1朵，皆为五铺作双杪，转角铺作出斜拱。铺作上有撩檐枋，上承檐椽、飞檐椽，飞檐椽上覆盖密集的瓦当。

第二层到第八层是连续的7层密檐。第八层与第九层的间距变大，在节奏上出现明显的变化，与高高的塔基座形成呼应，这样的塔顶设计十分别致，显得塔身疏密有致，是该塔造型的点睛之笔。

塔刹全部由铁件构成，刹身由8根铁链固定，自下而上依次是仰莲、覆钵、相轮、宝盖、宝珠，最顶端有一只凤凰，可随风向旋转，起风向标的作用。这种在塔顶装置候风鸟的设计，在古塔中可能是孤例。塔刹上的凤凰，到现在依然可以随风旋转，实属难得。该塔历经近千年，经受了多次的地震考验，仍巍然屹立。

↑ 圆觉寺塔基座上的砖雕

↓ 圆觉寺塔第八层与第九层的间距变大，与高高的塔基座形成呼应

浑源永安寺

位于浑源县城东北

主要看点

+ 山门采用五开门式，较为罕见；
+ 山门的脊刹被认为是典型的景教标志，有明显的异域风格；
+ 传法正宗殿的殿顶使用了黄色琉璃瓦，这在非皇家寺庙中可能是孤例；
+ 传法正宗殿殿内明间梁架间的天宫楼阁和藻井，是元代建筑中罕见的小木作精品；
+ 传法正宗殿殿内十大明王的形象与服饰奇特，具有藏传佛教的风格。

↑ 永安寺山门

↓ 永安寺传法正宗殿

→ 永安寺传法正宗殿正脊的脊刹

永安寺始建于金代，元代重建。现存的传法正宗殿为元代建筑，山门，天王殿，东、西朵殿，配殿等均为明清遗构。

山门采用五开门式，较为罕见。山门在正中，门面高大，琉璃盖顶，中间开 3 门，两旁又有 2 小门，共开 5 门。5 门均有简单的门簪、门挡、门钉和铺首等。山门两旁砌有琉璃八字墙。

永安寺山门的脊刹被认为是典型的景教标志，有明显的异域风格，可能与元朝皇室曾经信奉景教有关。

寺内的主殿传法正宗殿面阔五间，进深六椽，单檐庑殿顶，是元代建筑中少有的庑殿顶建筑。殿顶的前坡以黄色琉璃瓦覆盖，东西两侧与后坡以蓝色琉璃瓦覆盖，四边则以蓝、绿琉璃瓦镶饰，正脊有五彩琉璃脊饰两两相对，殿顶另有龙、凤、狮子、麒麟、天马等琉璃饰兽。殿顶的琉璃构件造型生动、色泽艳丽。殿顶使用了皇家才可以使用的黄色琉璃瓦，这在非皇家寺庙中可能是孤例。

传法正宗殿采用了减柱造，减去前排的 4 根柱子。殿内梁架为四椽栿后压乳栿，四椽栿之上为三椽栿压劄牵，四椽栿、三椽栿、平梁都用材粗壮，梁架上有精美的彩绘。殿内明间梁架间的藻井、天宫楼阁制作精巧、五彩斑斓，是元代建筑中罕见的小木作精品。梁架上的彩绘、天宫楼阁上的彩色斗拱、彩绘佛像以及屋顶的彩绘平棊，构成了一幅绚丽多彩的立体画。该殿虽然是元代建筑，但整体上没有一般元代建筑那种粗犷的风格，从屋顶到梁架，都做工讲究。

殿内四周墙壁上绘有面积 187 平方米的水陆画，为明代作品，画面上的人物 135 组 895 尊，以火焰、祥云为背景，以红、黄两色交替，形成大幅长卷，规模宏大。东壁的壁画长约 18 米，画面为天、地、人三界。上层为天界日、月、水、木、金、火、土诸神，中层为天干、地支、二十八星宿诸神，下层为人间帝妃、文臣武将、黎民百姓等。

← 永安寺传法正宗殿藻井

→ 永安寺传法正宗殿梁架上的彩绘、天宫楼阁上的彩色斗拱、彩绘佛像以及屋顶的彩绘平棊

西壁的壁画也长约18米，也分上、中、下三层。上层为五岳大帝、四海龙王诸神，中层为十殿阎君、阴曹地府诸神，下层是十八层地狱及厉鬼群像。殿内北壁，在殿门左右两边绘制十大明王，每边5尊，分别骑龙、狮、象、牛、虎等，手执兵器法宝。有一蓝颜赤发的明王，处在右手第一位，面目狰狞，其双手做揭开自己面皮状，显示狰狞的面皮下是一副大慈大悲的面容，这幅“撕脸明王像”是十大明王像的代表作品，这样的画面设计富含哲理，耐人寻味。大殿的壁画色彩绚丽、形象传神，艺术性较高。十大明王的形象与服饰奇特，具有藏传佛教的风格。永安寺的宗教文化是多元的，融入了景教、藏传佛教的元素，这在国内现存的古代寺庙中实属罕见。

← 永安寺传法正宗殿“撕脸明王像”

朔州崇福寺

位于朔州市朔城区

主要看点

+ 弥陀殿前檐的柱头铺作使用了斜拱，这是柱头铺作使用斜拱的最早实例；
+ 弥陀殿的门窗是隔扇门窗，透雕 15 种棂花，是我国现存古建筑中图案最多、最华丽的雕花门窗；
+ 弥陀殿采用了减柱造、移柱造；
+ 弥陀殿内主佛塑像身后的背光屏高达 14 米，是国内现存辽金时期最大、最精致的背光屏；
+ 观音殿的梁架采用双重人字形叉手，堪称我国建筑史上减柱造的典范。

↑ 崇福寺弥陀殿

↓ 崇福寺弥陀殿前檐柱头铺作、补间铺作

崇福寺的主殿弥陀殿建于金皇统三年（1143），是寺内最大的殿堂，也是中国现存辽金时期三大佛殿之一。当时金熙宗崇佛，敕命开国侯翟昭度主持增建弥陀殿、观音殿，崇福寺在当时也是一座具有皇家背景的寺院。弥陀殿面阔七间，进深八椽，单檐歇山顶，高度达 19 米，巍峨壮观。阑额在出头处做成蚂蚱形，比较少见，似乎成为转角铺作的组成部分。前檐柱头铺作为七铺作双杪双下昂，耍头为下昂状，前檐补间铺作出斜拱。前檐柱头铺作使用了斜拱，这是柱头铺作使用斜拱的最早实例。前檐补间铺作为七铺作四杪，是古建筑中出挑

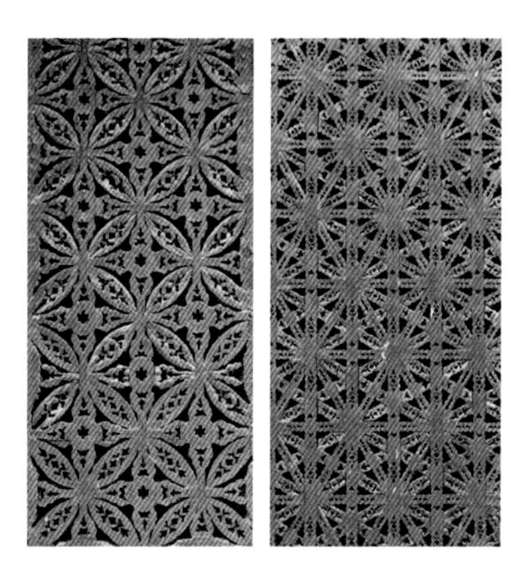

← 崇福寺弥陀殿的内额

→ 崇福寺弥陀殿雕工精湛的棂花

↓ 崇福寺弥陀殿内的主佛塑像及身后的背光屏

← 崇福寺弥陀殿西壁金代壁画局部

较多的补间铺作。第一跳、第三跳施翼形拱，这种隔跳翼形拱比较少见。大殿的门窗是隔扇门窗，透雕棂花，雕工精湛、图案多样，有雪花纹、菱花纹、莲花纹等 15 种，是我国现存古建筑中图案最多、最华丽的雕花门窗。为了扩大祭祀空间，采用了减柱法、移柱法。大殿减去中间一排的 4 根柱子，前排的柱子减去 2 根，剩余的 2 根前内柱不在柱缝上，与前后檐柱都不对位，而是平移到了两次间的中间。内额采用了大跨度的上下两层复梁式结构，两层之间用斜材支撑，形成与五台山佛光寺文殊殿类似的八字形柁架。殿内有阿弥陀佛等 9 尊金代塑像，主佛身后的背光屏高达 14 米，背光屏上有飞天和伎乐天，是国内现存辽金时期最大、最精致的背光屏。大殿内还遗存有 320 多平方米的金代壁画，画工精细、色彩绚丽，是金代壁画中的佳作。壁画中的佛像绘有胡须，延续了宋代彩塑佛像的风格。

寺内的最后一座佛殿是观音殿，建于金代晚期。面阔五间，进深六椽，单檐歇山顶。为了扩大礼佛空间，将前槽的 4 根金柱全部减去。为了减轻四椽栿的压力，在四椽栿中部对应前金柱的位置立一蜀

↑ 崇福寺观音殿梁架上采用双重人字形叉手

↓ 崇福寺观音殿四椽栿上的驼峰延长作为蜀柱两侧的合楮

柱，蜀柱与升高的后槽金柱共同承托平梁。蜀柱两侧斜置通长两椽的大叉手（托脚），叉手上部支于蜀柱顶部，下部支于四椽栿梁头，使四椽栿中部、两端均匀承受压力，四椽栿两端又将作用力分别传给檐柱、金柱。四椽栿上的叉手和平梁上的叉手形成了双重人字形叉手。四椽栿上的驼峰延长作为蜀柱两侧的合楮。观音殿在梁架结构上的创新，堪称我国建筑史上减柱营造法的典范。

繁峙岩山寺

位于五台山北麓的繁峙县天岩村

主要看点

+ 文殊殿两次间的面阔大于明间，比较少见；
+ 文殊殿内的壁画为金代宫廷画师王逵等人绘制，是金代寺观壁画中的精品。

寺内的金代建筑仅存文殊殿，面阔五间，进深六椽，单檐歇山顶。檐下阑额不出头，普拍枋出头，柱头卷杀。两次间的面阔大于明间，比较少见。梢间的面阔为次间的一半。前檐铺作简洁，四铺作单昂，昂为琴面昂。耍头之上的衬方头出头，衬方头为麻叶形；明间、次间各有补间铺作一朵；梢间无补间铺作。殿内梁架为四椽栿前后劄牵用四柱，柱网采用减柱造、移柱造，前排减柱2根，位置前移，不在柱缝上，移动到两次间的中间；后排减去中间的2根柱子，位置后移，共减柱4根，移柱4根。殿内有金代彩塑水月观音。殿内的壁画有134平方米，为金代宫廷画师王逵等人绘制于金大定七年（1167）。壁画的构图细腻，绘画技艺高超，内容丰富，是金代寺观壁画的精品。画师王逵原来是北宋宫廷画师，北宋灭亡后入金，成为金朝的“御前承应画匠”。王逵具有深厚的艺术功底，岩山寺的壁画耗费了他10年的心血。壁画虽然绘制于金代，但壁画上的人物风貌、建筑、器物形制都是北宋的。壁画以佛传故事为题材，画面人物众多，既有宫廷的生活场景，又有民间市井的生活场面。壁画绘制了大量的宫殿建筑、亭台楼阁，斗拱飞檐、雕梁画栋，在各种建筑物之间分布着各色人物。画面中建筑物的透视关系准确，整个画面布局严谨，是绘画者对北宋首都汴梁、金朝中都部分场景的再现，具有极高的历史和艺术价值。

← 岩山寺文殊殿

→ 岩山寺文殊殿金代彩塑水月观音

→ 岩山寺文殊殿壁画局部之一、之二（摄影：王俊彦）

繁峙公主寺

位于繁峙县杏园乡公主村

主要看点

+ 毗卢殿内的罗汉塑像姿态自如、神情各异、塑造技艺高超，是明代罗汉塑像的佳作；

+ 大雄殿的壁画规模宏大、线条流畅、色彩富丽，是明代水陆画的代表作品。

该寺为北魏文成帝第四女诚信公主所建，故名公主寺。明弘治十六年（1503）重修，清代、民国时屡有修葺。寺内最有价值的建筑是毗卢殿和大雄殿。

毗卢殿重修于明代正德元年（1506），面阔三间，进深六椽，单檐歇山顶。前檐铺作为五铺作双昂，耍头上的衬方头出头。殿内的四椽栿伸出作柱头铺作上的耍头，这样粗壮的耍头罕见。殿内正中塑毗卢佛坐像，毗卢佛面相圆润，嘴角微收，表情安详，身披袈裟，袒胸。毗卢佛左右是大梵天和帝释天，左前方男相的是大梵天，右前方女相的是帝释天。帝释天面容秀丽，身上的服饰华丽，右手伸至胸前做拿捏状，左手抬至腹部。大梵天头戴官帽，中年文官模样，双手的姿态与帝释天相同。毗卢佛背后是观音菩萨像。殿内东、西坛上塑十八罗汉坐像，罗汉的姿态自如、神情各异。殿内的罗汉塑像塑造技艺高超，是明代罗汉塑像的佳作，可惜罗汉头部大多被盗，仅存 3 尊原作。塑像上方还有悬塑，有山水云雾、亭台楼榭等，其中有一组悬塑是六子闹弥勒，颇具趣味。上方的悬塑与下面的佛、菩萨、罗汉等巧妙地结合在一起，构成了一幅完美的立体图画。

← 公主寺毗卢殿四椽栿伸出做斗拱上的耍头

→ 公主寺毗卢殿悬塑六子闹弥勒

← 公主寺大雄殿造像

→ 公主寺大雄殿造像的衣折

大雄殿是公主寺的主体建筑，面阔三间，进深六椽，单檐悬山顶，檐下无铺作。脊槫下有题记：“明弘治十六年重建，清康熙五十二年修葺。”殿内设佛坛，坛上塑释迦牟尼佛、药师佛、阿弥陀佛，释迦牟尼佛像前是迦叶、阿难二尊者，塑像神态逼真，技艺精湛。

殿内四壁为美轮美奂的壁画，其内容为水陆画，是艺术价值极高的宗教美术作品。东、西两壁是《说法图》，分别绘制诸神图。东壁的壁画面积约 25 平方米（高约 3.15 米、长 7.5 米），画面呈现“凸”字形轮廓，采用佛教传统的说法图结构，主尊卢舍那佛周围聚集着佛教诸神、道教诸神，共 5 层 42 组 169 位神像（西壁 5 层 39 组 171 位神像），十分密集，形成众神礼佛、群仙会面的壮观场面。主佛像位于中心位置，袒胸披赤红袈裟。主佛的下方画着一个跪僧，占据着壁画最显要的位置，与主佛同在一个中轴线，表达了古人和以佛祖为代表的诸神的对话关系，也是汉族传统的多神崇拜的反映。东、西壁画面

崇寧護國真君衆
山神土地

↑ 公主寺大雄殿东壁《说法图》局部

↓ 公主寺大雄殿西壁壁画局部

上的神仙都是一组一组地出现，如四海龙王、四大天王、五岳大帝、北斗七星、九曜星君、六曹判官、雷电风伯众、天龙八部、十八罗汉等。东、西两壁的画面对称，遥相呼应。画师们通过姿态、服饰、色彩的变化，避免了画面的呆板与僵化，在对称中又表现出不对称的变化之美。

南壁是冥府图，分布于东、西梢间，两块冥府图与东、西壁的神仙图分开，这是典型的早期水陆画结构。东、西壁是供奉的一切神像，南壁则是要超度的亡灵。南壁，一边是引路菩萨引领往古人伦和孤魂等众，另一边是阿难尊者和鬼王引领历史人物和孤魂等众。南壁东侧壁画 4 层 15 组 60 位人物，西侧 4 层 17 组 65 位人物。

北壁是明王变图，最有戏剧性。残忍凶暴的十大明王背后，——对应着端庄的佛祖和美丽慈祥的菩萨，反差巨大。北壁以大肚弥勒佛为中心，几个婴儿或趴于背上，或骑在肩上，或伏于膝上，或坐于怀中，或钻在腋下，天真活泼。弥勒佛像东、西两侧对称绘制五大明王和十大明王。

纵观全殿的壁画，人物众多（共计 480 多位），繁而不乱，形态各异，布局合理，线条流畅。壁画采用工笔重彩、沥粉贴金，矿物质的颜色历经数百年依旧鲜艳如初，画面富丽，营造出神秘的氛围。公主寺大雄殿的壁画是明代水陆画的代表作品。

五台南禅寺

位于五台县李家庄村西

主要看点

+ 南禅寺大佛殿是现存古建筑中屋顶坡度最平缓的建筑；
+ 中国古代木构建筑的铺作形制，在南禅寺大佛殿基本定型；
+ 大佛殿西边的后 3 根柱子为方形，这是唐代建筑中使用方柱的唯一实例；
+ 大佛殿铺作的拱头卷杀，皆分五瓣，每瓣都内凹，这种做法曾见于唐代以前的石窟寺，此乃建筑实物中最早之例；
+ 柱头铺作的第二层柱斗坊上施一小驼峰、散斗承托压槽枋，此后的建筑物少见；
+ 两次间各有一直棂窗，这是典型的唐代窗户样式；
+ 殿内的平梁上没有蜀柱，直接用大叉手承托脊槫；
+ 大殿内的彩塑佛像具有唐代早期塑像风格，是唐代雕塑艺术的精品。

↑ 南禅寺大佛殿

全国仅存的3座完整的唐代木构建筑，都在山西境内，南禅寺是其中之一。

南禅寺坐北朝南，现存山门，正殿，东、西配殿。正殿大佛殿建于唐建中三年（782），面阔三间，进深四椽，单檐歇山顶。屋檐下无飞椽，为单层檐椽。当心间开门，两次间各有一直棂窗。柱头铺作为五铺作双杪偷心造，柱头枋上隐刻慢拱，无补间铺作。转角铺作出角拱，耍头平出，斫成批竹昂。铺作的拱头卷杀，皆分五瓣，每瓣都内凹，这种做法曾见于唐代以前的石窟寺，此乃建筑实物中最早之例。

中国古代木构建筑的铺作形制，在南禅寺大佛殿基本定型。柱间有阑额相连，阑额之上没有普拍枋，阑额至角柱不出头，这是唐代常见的样式。大殿共用 12 根柱子支撑殿顶，墙身不负重，殿内无柱。西边的后三根柱子为方形，这是唐代建筑使用方柱的唯一实例。檐柱的柱头微微内倾，4 个角柱生起，使得伸出的四个檐角翘起，檐口形成弧线。屋顶举折平缓，坡度为 1∶5.15，是现存中国古建筑中屋顶坡度最平缓的建筑。舒缓的屋顶、深远的出檐、雄大疏朗的铺作，体现出大唐建筑的雍容大度。整个建筑结构简练、外观秀丽，形体俊美、古朴，庄重大方。

殿内梁架为四椽栿，通檐用两柱，平梁上没有蜀柱，直接用大叉手承托脊槫，这种汉唐时期的结构在五代之后很少出现。四椽栿与平梁之间有驼峰，是“梁栿驼峰式”结构手法的最早实例。

殿内有 17 尊（有 3 尊近年被盗）唐代彩塑佛像，仍然保持原貌。释迦佛居中，右侧以狮子为坐骑的是文殊菩萨，左侧以大象为坐骑的是普贤菩萨，两侧各有 1 位弟子、2 位胁侍菩萨、1 位天王。释迦佛像之前，有供养菩萨和童子。塑像主次分明、错落有致、表情逼真、栩栩如生。4 位胁侍菩萨的站姿，多为“s”形，姿态优美。右侧胁侍菩萨的右手与旁边护法天王的左手牵连。护法天王神态平和，面带微笑，全然不像后来各地佛寺天王塑像那样威猛，这样的塑像实属罕见。两位善财童子的塑像模样可爱，颇具生活气息。大殿的彩塑佛像虽然是中唐时期的作品，但具有唐代早期塑像的典雅风格，堪称唐代雕塑艺术的精品，具有重要的历史地位和艺术价值。

大殿内的佛坛几乎占满了殿内的空间，只在佛坛四周留有一米左右的走道，这与唐代人礼佛的情形有关。当时的人们是在大殿外礼佛，然后进入殿内，沿着顺时

← 南禅寺大佛殿前檐柱头铺作（侧视）

→ 南禅寺大佛殿平梁上无蜀柱

↓ 南禅寺大佛殿唐代彩塑

← 南禅寺大佛殿佛像左后侧的胁侍菩萨（摄影：王炜）

→ 南禅寺大佛殿佛像左侧的善财童子（摄影：王炜）

针方向绕佛坛一周参拜礼佛。傅熹年先生认为，当人们走到大殿的门口，恰好能看到殿内大佛背光的顶端，走到佛坛的外沿，恰好能看到大佛的头顶。大殿内佛坛和佛像的空间布置，完全是按照当时人们礼佛的实际需求安排的。

五台山佛光寺

位于五台县豆村镇东北6千米的山腰

主要看点

+ 东大殿是我国现存最早的庑殿顶建筑，是我国现存唐宋古建筑中铺作挑出距离最远的大殿；
+ 柱头铺作为七铺作双杪双下昂，为昂之最古实例；
+ 殿内的四椽栿、乳栿都削为月梁，四椽栿、乳栿之上的驼峰都为半驼峰；
+ 殿内唐代塑像和唐代壁画荟萃一堂，极为珍贵；
+ 寺院中的祖师塔是北魏时期的作品；
+ 文殊殿是国内稀见的宋金时期大开间的悬山顶建筑；
+ 文殊殿内的梁架采用了大跨度的八字枨架，是我国古建筑中最早的实例。

↑ 佛光寺东大殿

← 佛光寺东大殿前檐面外槽补间铺作（摄影：王炜）

← 佛光寺东大殿前檐面外槽柱头铺作（摄影：王炜）

↓ 佛光寺东大殿前檐柱头铺作、补间铺作（正视）

佛光寺东大殿被我国著名建筑学家梁思成先生称为“第一国宝”，在整个东亚建筑文化区域有着特殊意义。东大殿重建于唐大中十一年（857），单檐庑殿顶，面阔七间，34米；进深八椽，17.66米。檐柱侧脚、生起明显，柱头卷杀。大殿铺作硕大（铺作断面尺寸为210×300厘米）、气势宏伟，是我国现存古建筑中铺作挑出距离最远（3.69米）的大殿。柱头铺作为七铺作双杪双下昂，第一跳、第二跳出华拱；第二跳跳头施瓜子拱、慢拱，承托罗汉枋；第三跳、第四跳为下昂（为古建筑中最早的昂）；第四跳跳头施令拱，与耍头相交，承托撩檐枋。补间铺作为五铺作双杪，其下没有栌斗，第一跳华拱直接与第一层柱头枋相交，第一跳跳头施翼形拱；第二跳跳头施

↑ 佛光寺东大殿四椽栿由内柱上的四跳华拱承托，四椽栿削为月梁

↓ 佛光寺东大殿的乳栿削为月梁，乳栿之上使用半驼峰

令拱，与很短的批竹形耍头相交，承托罗汉枋。转角铺作也是双杪双昂，斜线上则出两跳角拱、三跳角昂（第三跳为由昂，梁思成先生认为这是由昂最古实例），昂头上有宝瓶承托角梁。大殿屋顶平缓、铺作纵横、出檐深远，这在宋以后的木结构建筑中是很难看到的。在脊槫下仅用叉手，和南禅寺大佛殿一样，是典型的唐代结构。殿内的梁架为四椽栿对前后乳栿，四椽栿由内柱上的四跳华拱承托，四椽栿、乳栿都削为月梁，两端呈明显的弧线，四椽栿、乳栿之上的驼峰都为半驼峰。

殿内有 33 尊唐代彩塑，拱眼壁上有唐代的壁画。殿内的 296 尊罗汉塑像是明代的作品。唐代塑像和唐代壁画荟萃一堂，极为珍贵。佛光寺东大殿是集塑像、壁画、墨迹、建筑于一体的国宝极品。

在东大殿南侧有建于北魏的祖师塔，式样古朴，为我国现存古塔中的孤例。

佛光寺的文殊殿重建于金天会十五年（1137），面阔七间，进深八椽，单檐悬山顶，是国内稀见的宋金时期大开间的悬山顶建筑。柱间有阑额，阑额不出头，在阑额之上有普拍枋，普拍枋出头。柱头铺作为五铺作单杪单下昂，第一跳跳头施翼形拱，耍头作下昂状，耍头上衬方头出头。补间为五铺作双杪，有华丽的斜拱，出现 5 个凸出面，如花朵盛开。殿内采用了减柱法，殿内梁架是四椽栿对前后乳栿的结构，一般情况应该立有 18 根内柱。殿内前后槽均施粗大的额枋，前槽用 2 柱将殿内长度分割为中部 3 间，左、右各 2 间的布局；后槽也用 2 柱，立于当心间佛龛左右的平柱位置，而左右各分为 3 间之长。整座大殿将柱子用到最少，前后两排仅使

↓ 佛光寺东大殿唐代彩塑局部

→ 佛光寺文殊殿内景

→ 佛光寺文殊殿八字柁梁

↓ 佛光寺文殊殿明间前檐铺作

用了 4 根金柱。柱间的最长净跨达到 14 米，根据需要，后排两侧的梁架进行了创新，在主额之下约 1 米处增加了一道副额，以分解主额上的重力。主额与副额之间用短柱、枋、斜柱联络，形成大跨度的八字柁架，将主额上的重力传递到副额的两端，再传递到内柱和山墙柱上，这种大胆的创新，是我国古建筑中最早的实例。文殊殿东、西、北墙面上有明代宣德年间绘制的罗汉 259 尊，罗汉姿态各异，表情十分丰富。壁画中有罗汉吹奏乐器的场景，是古建筑中稀见的佛教音乐题材壁画。

← 佛光寺文殊殿明代壁画局部之一、之二

五台山南山寺

位于五台山台怀镇南2千米的山坡上

主要看点

+ 佑国寺的影壁是五台山寺庙中最大的影壁；
+ 佑国寺的石雕作品丰富，无石不雕，雕工精湛；
+ 极乐寺大雄宝殿的十八罗汉塑像姿态不同，神情各异、个性鲜明，是五台山罗汉塑像中的精品。

↑ 南山寺·佑国寺影壁

↓ 南山寺·佑国寺大钟楼围栏上的雕刻（摄影：王俊彦）

南山寺依山势而建，建筑错落有致，共有18处院落、300余间殿堂，是五台山规模最大的一座寺庙。

南山寺共7层3大部分，下面3层名为极乐寺，中间1层称作善德堂，上面3层叫佑国寺。

佑国寺的影壁是五台山寺庙中最大的，平面呈凸字形，宽17.3米、高约8米。束腰须弥式底座，细磨青砖筑成壁身，中嵌汉白玉石雕，顶部为砖雕的仿木结构的单檐歇山屋顶，屋檐下有斗拱、垂柱。

在影壁之南的108级台阶上，是一座气势宏大的四柱三门式牌楼，宽12.8米、高9米、厚1.6米。四方石柱中券三眼拱洞，上覆三座单檐歇山式楼顶，中间的高大，两边的稍低，檐下有斗拱。

牌楼之后的大钟楼兼作山门，下面是方台石券门洞，门洞口有汉白玉浮雕。门洞上面是重檐歇山顶的木楼，楼上四周围以石栏，围栏上雕刻各种花草树木，雕工精美。

佑国寺是南山寺最高的一座寺院，重建于明代，由三进院落组成。寺中的石雕作品丰富，无石不雕，雕工精湛。一进院、二进院、三进院的石雕有数百幅。石雕内容为历史故事、神话故事等，画面上

→ 南山寺·佑国寺大钟楼围栏上的雕刻

→ 南山寺·佑国寺石雕之一

↓ 南山寺·极乐寺大雄宝殿的十八罗汉塑像之一

的人物生动传神、栩栩如生。

南山寺最低层的寺院称极乐寺，寺内的大雄宝殿为元代建筑。佛坛上塑释迦牟尼佛和弟子、胁侍菩萨，两侧泥塑十八罗汉。十八罗汉姿态不同、神情各异、个性鲜明，特别是睡罗汉，睡姿优美，如入梦境。十八罗汉塑像具有极高的艺术价值，是五台山罗汉塑像中的精品。殿内石雕的汉白玉送子观音，雕刻工艺也颇佳。

南山寺各种建筑物上的汉白玉浮雕多达 1480 余幅，在雕刻手法上采用了浮雕、圆雕、线刻等多种工艺，虽然是民国时期的作品，但艺术水平很高，被誉为五台山石雕艺术的宝库。

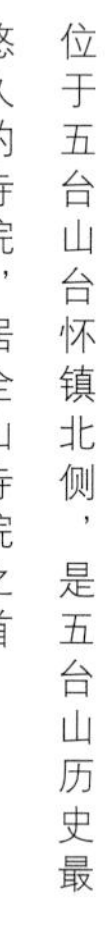

五台山显通寺

位于五台山台怀镇北侧，是五台山历史最悠久的寺院，居全山寺院之首

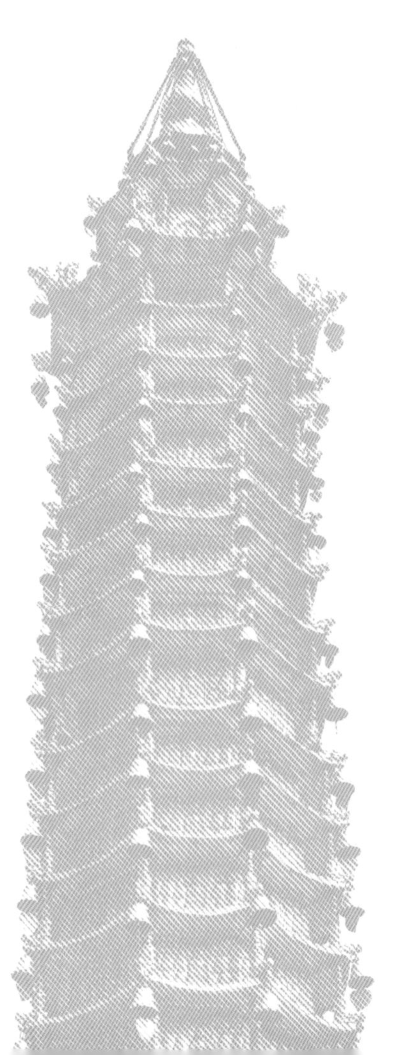

主要看点

+ 寺内的铜殿铸于明万历年间，是国内保存最好的铜殿；
+ 无梁殿结构奇特，雕刻华丽，是中国古代砖砌建筑艺术的佳作。

→ 显通寺铜殿（摄影：吴运杰）

显通寺中轴线上的建筑有 7 座：观音殿、文殊殿、大雄宝殿、无梁殿、千钵殿、铜殿和藏经阁。洁白的无梁殿和金黄色的铜殿，在台怀镇一带的寺庙建筑中格外抢眼。

铜殿铸于明万历三十八年（1610），方形，高 8.3 米、宽 4.7 米、深 4.5 米，用 10 万斤铜铸成。外观为重檐歇山顶，四角有柱，围栏一周，隔扇门上有棂花图案和花鸟装饰。殿内上层四面每面 6 扇门，下层四面每面 8 扇门。殿内四壁有小佛万尊，金光闪闪，殿中央供奉高

← 显通寺铜塔

→ 显通寺铜殿门扇雕饰（摄影：吴运杰）

→ 显通寺铜塔塔身佛像雕饰（摄影：吴运杰）

3 尺的铜佛。该殿是国内保存最好的铜殿。殿前原有同期铸造的铜塔 5 座，按东、西、南、北、中方位布置，象征五座台顶，东、西两座为明代原作。铜塔 13 层，高 8 米，塔身满铸佛像图案，塔座四角各铸一尊力士。

无梁殿建于明代，分上、下两层，砖砌仿木重檐歇山顶，面阔七间（明七间暗三间），进深四间，长 28.2 米、进深 16 米、高 20.3 米。该殿结构奇特，3 个连续拱并列，左、右山墙成为拱脚，各间之间依靠开拱门联系，内部为用青砖垒砌而成的穹窿顶砖窑形制，内砌

← 显通寺无梁殿

← 显通寺无梁殿外檐砖砌斗拱、垂花（摄影：吴运杰）

→ 显通寺无梁殿内景

藻井悬空，无梁无柱，故称无梁殿。无梁殿上下两层前后檐都设有 7 个门洞，门楣上有华丽的雕刻。上层殿外壁每间砌有间柱，外檐砖砌斗拱、垂柱，上层有一周围栏，栏板上雕刻花卉和吉祥图案。无梁殿是中国古代砖砌建筑艺术的佳作。

五台山塔院寺

位于五台山台怀镇的寺院群核心区，塔院寺的大白塔是五台山的地标性建筑

主要看点

+ 大白塔是全国最高的喇嘛塔，造型优美、雍容华贵；

+ 藏经阁有著名的“华藏世界转轮藏”——可以转动的大型佛经架，这样的转轮藏在国内仅有为数不多的几座。

塔院寺原来是显通寺的一部分，明万历七年（1579），将显通寺的塔院扩建为塔院寺，使其成为一座独立的寺院，成为五台山五大禅处之一和十大青庙之一，是藏传密宗佛寺。

塔院寺坐北朝南，中轴线上的建筑有影壁、木牌坊、山门、钟鼓楼、天王殿、大慈延寿宝殿、大白塔、藏经阁。大白塔修建于元代。元成宗大德五年（1301），尼泊尔建筑大师阿尼哥来到五台山，主持修建了这座佛祖舍利塔。该塔虽然经过明永乐五年（1407）、明万历九年（1581）两次大规模扩建，但阿尼哥设计的喇嘛塔样式一直未变。大白塔的地面以上高度为 56.4 米，全部用米浆和石灰砌筑而成，是中国最高的喇嘛塔。大白塔建于两层须弥座构成的方形塔座上，塔座上面是塔的主体塔瓶。再往上是方形的塔腰，方形塔腰与塔座形成呼应，塔腰四周悬风铎。塔腰往上是 13 层相轮组成的、象征十三天的塔脖子。塔脖子上的露盘盖铜板 8 块，形成圆形，按八卦方位安置，远观如斗笠。铜板边沿吊装长两米多的铜制垂檐，共计 36 块。每块垂檐顶端，又挂风铎 3 个，连同塔腰的风铎在内，共计 252 个。塔顶是高达 5 米多的风磨铜宝瓶。大白塔方圆相间、粗细相间，造型优美、雍容华贵。

延寿殿的斗拱别致，装饰意味极强。藏经阁是塔院寺的最后一座大殿，阁中保存着汉、满、蒙、藏等各种文字的经书两万多册，是五台山规模最大、保存经书最多的一座藏经阁。藏经阁为二层三檐硬山顶建筑，面阔五间，内供释迦牟尼佛、阿弥陀佛、药师佛、迦叶佛等佛像 9 尊。藏经阁有著名的“华藏世界转轮藏”——可以转动的大型佛经架，这样的转轮藏在国内仅有为数不

↑ 塔院寺大白塔的塔瓶、塔腰、塔脖子

↓ 塔院寺大白塔的方形塔座

↑ 塔院寺藏经阁内的转轮藏——可以转动的大型佛经架

多的几座。这座转轮藏建于明万历九年（1581），是木制的八角形经架，共 33 层，上宽下窄，上层最宽处达 12.7 米。每层分为若干小格，放置经书。底层有转盘，能够来回旋转。转盘上雕刻着海浪，象征着浩瀚的大海，上面的 32 层经架犹如绽放的莲花。转轮藏的靠下部分放置了 1000 尊小佛，他们都在聆听毗卢遮那佛讲经说法。藏经阁底层檐下悬挂着乾隆的御书匾，二层檐下悬挂着康熙的御书匾。

五台山殊像寺

位于五台山台怀镇西南1千米处

主要看点

+ 文殊殿的骑狮文殊像造像端庄，金碧辉煌；
+ 殿内东、西、北三面墙壁上的五百罗汉渡江悬塑是明代前期的悬塑佳作；
+ 悬塑东南方的泥碑，在其他地方罕见。

↑ 殊像寺文殊殿明代罗汉悬塑局部之一、之二

↓ 殊像寺文殊殿悬塑泥碑

殊像寺中轴线上现存天王殿、文殊殿、藏经阁3座大殿。文殊殿重修于明弘治二年（1489），面阔五间，进深六椽，重檐歇山顶。殿内的文殊菩萨像总高9.87米，狮子身高3.95米，是五台山最为高大的骑狮文殊像。狮子身披锦垫，脖系铜铃，瞪眼竖耳，嘴巴大张，抬头东望，似乎准备跃然而起，颇具威武之势。锦垫之上，覆莲花宝座，上下共6层花瓣，合108个。文殊菩萨端坐于莲座上，手持如意，头戴金冠，面目慈祥，身后背光华丽。菩萨右腿盘屈，左腿下垂，脚蹬一朵小莲花。造像端庄，金碧辉煌，康熙皇帝赞曰“瑞相天然”。

殿内东、西、北三面墙壁上是五百罗汉渡江的悬塑，高6.5米、围长47米、厚约2米，描绘文殊教化成熟的500仙人。悬塑下部的江面上浪涛汹涌，画面上的罗汉，或降龙伏虎，或诵经念佛，或脚踏水兽，或乘舟渡海，或腾云驾雾，其间用山、水、林、路、云等巧妙地把画面隔开，每个局部都可独立成画。这些悬塑作品，从人物造型，到色彩搭配，都颇具匠心，是明代前期的悬塑佳品。

在悬塑的东南方中间，有一泥碑，高7厘米、宽25厘米、厚5厘米，碑文黑底白字：“弘治九年岁次五台山殊祥寺修造文殊一会五百罗汉。塑匠保定府祁州白罗村，把总王章……”这块泥碑与悬塑浑然一体，很难发现，碑身制作精细，为竣工后匠师所留。它提供了殊像寺悬塑建造的准确年代，而且提供了匠师的姓名、籍贯，是珍贵的文史资料。用泥制碑，在其他地方罕见。

← 殊像寺文殊殿

骑狮文殊像

五台延庆寺大佛殿

位于五台县阳白乡善文村，距南禅寺10千米

主要看点

+ 大佛殿普拍枋之上有横枋，比较罕见；
+ 大佛殿山面正中的补间铺作出斜拱，比较少见；
+ 大佛殿梁架六椽栿之上没有出现常见的四椽栿；
+ 大佛殿梁架从上平槫到前后檐，使用长达两椽的大长托脚。

大佛殿是金代建筑，面阔三间，进深六椽，单檐歇山顶。出檐深远，角柱有十分明显的生起，屋檐有优美的曲线，翼角飞起。东、西山墙的外侧收分明显。檐下有阑额、普拍枋，阑额不出头，普拍枋出头。在普拍枋之上有横枋，比较罕见。明间柱头铺作下有两幅很大的兽面，应为清代所加。大殿柱头铺作为五铺作单杪单昂，昂下有华头子。补间铺作为五铺作双杪，明间的补间铺作采用了斜拱，3 只令拱成鸳鸯交颈，上置 7 只散斗。山面、后檐柱头铺作、转角铺作的耍头尖长，略似批竹昂。山面正中的补间铺作出斜拱，比较少见。殿内无柱，现在的 4 根柱子为后来维修时所加。殿内东、西大梁的结构并不完全一致，因为东边的六椽栿曾经发生过断裂，西边是六椽栿通前后檐，而东边是五椽栿对后劄牵。六椽栿之上没有出现常见的四椽栿，而是通过高度不同的驼峰托起上平槫、下平槫以及平梁，平梁之上通过叉手、蜀柱托起脊槫。从上平槫到前后檐，使用长达两椽的大长托脚，国内罕见。因为没有使用四椽栿，驼峰和栌斗都很大。前后檐柱头铺作后尾出三跳华拱，上承六椽栿。山面柱头铺作的后尾出三跳华拱托丁栿，搭于六椽栿之上。因为丁栿逐渐斜起，所以在丁栿之下又垫了一根木料。山面补间的里转铺作，第二跳华拱的后尾、耍头的后尾都做了艺术加工，具有很强的装饰意味。

← 延庆寺大佛殿山面斗拱

→ 延庆寺大佛殿使用长达两椽的大长托脚

→ 延庆寺大佛殿山面柱头铺作的后尾出三跳华拱托丁栿，搭于六椽栿上。因丁栿逐渐斜起，在丁栿下垫了一根木料

→ 延庆寺大佛殿六椽栿上没有四椽栿，通过高度不同的驼峰托起上平槫、下平槫及平梁

五台广济寺

位于五台县城内西大街

主要看点

+ 大雄宝殿前檐铺作简洁古拙，所有铺作均无令拱；
+ 大雄宝殿前檐明间、次间的柱头塑有龙头和独角兽，此种建筑装饰是清代五台山一带的特色；
+ 殿内梁架设计大胆，形成“开”字形梁架构图，为元代木结构建筑的特例；
+ 殿内塑像塑造精美，是元代彩塑中的佳作。

广济寺建于元至正年间（1341—1368），清乾隆年间（1736—1795）重修，现仅存大雄宝殿一座。

大雄宝殿面阔五间，进深六椽，单檐悬山顶。殿顶举折平缓，角柱侧脚、生起明显。前檐铺作简洁古拙，前檐柱头栌斗上出一跳昂形华拱，上坐交互斗，无令拱，耍头在橑风榑上与其正交，耍头是由殿内的四椽栿和乳栿伸出。前檐的补间铺作，明间、次间出斜拱，两梢间各出一跳华拱。后檐柱头铺作、补间铺作均为出一跳华拱，无令拱。该殿所有铺作均无令拱。大殿前檐明间、次间的柱头塑有龙头和独角兽，此种建筑装饰在其他地方极少见到，是清代五台山一带的特色。两侧角柱的檐墙上各有一对形象生动的男童塑像，男童裸身戴肚兜，模样可爱。左面的童子做托举状，右面的童子为站姿。这样的童子塑像装饰，极具趣味性。

殿内采用减柱造，梁架设计大胆，构制奇特：四椽栿后对乳栿，减去前排柱子，只在左、右梢间的后槽设两根金柱，右柱直抵平梁，左柱只及四椽栿，需在柱头接一根蜀柱才能架设平梁；后槽两金柱之间架一条横跨明、次间的大额，左右各以一条粗壮的劄牵与山墙暗柱

→ 广济寺大雄宝殿柱头上塑有龙头、独角兽

相连；后槽全部以乳栿接后檐柱；前槽的明间在内额上搭两条四椽栿至前檐柱上；在四椽栿上左右向山墙暗柱再各跨一条内额，然后从这两条内额中间（梢间的位置），再以乳栿与前檐柱连接。这样就呈现出奇妙的“开”字形梁架构图。脊槫和上平槫下使用了低矮的蜀柱，前后槽的下平槫下只以坐斗支一条劄牵，使大殿的屋顶平缓。该殿的梁架结构为元代木结构建筑的特例。

殿内有塑像30尊，基本保存完好，正中佛坛上的彩塑为释迦牟尼佛，两侧是文殊、普贤菩萨，间隔有迦叶和阿难尊者，外侧有金刚护法二尊，背面是观音、文殊、普贤“三大士”。佛坛两边的山墙壁下塑十八罗汉。整堂塑像塑造精美，神态各异，是元代彩塑中的佳作。

← 广济寺大雄宝殿呈奇妙的“开”字形梁架构图

← 广济寺大雄宝殿在四椽栿上左右向山墙暗柱各跨一条内额，从两条内额中间再以乳栿与前檐柱连接

→ 广济寺大雄宝殿精美的元代彩塑

忻州忻府区金洞寺

位于忻州市忻府区合索乡西呼延村西1.5千米的山坡上

主要看点

+ 文殊殿的铺作风格趋于华丽，柱头铺作的耍头雕刻云纹头，补间铺作的耍头则是龙口含珠，极具装饰性；
+ 转角殿铺作的下昂形耍头与假昂犹如鹰嘴，颇为罕见；
+ 转角殿的梁架特殊，没有四椽栿，殿内金柱之上共出现3层斗拱；
+ 转角殿内精致的木制神龛是难得一见的金代小木作精品。

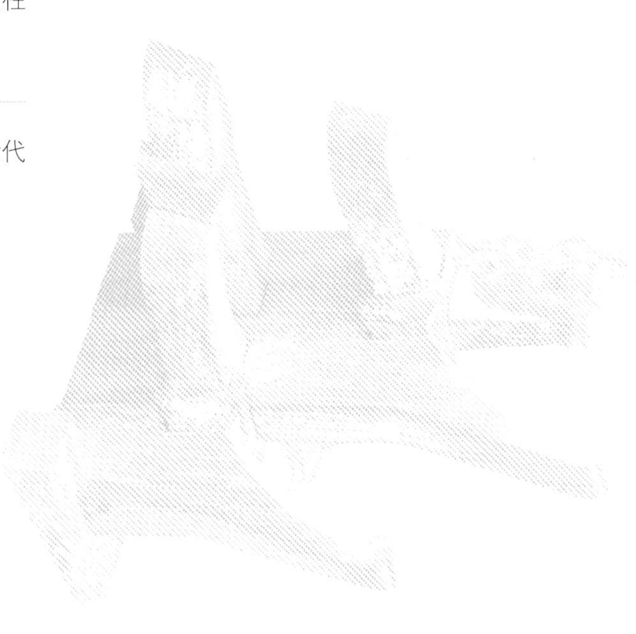

↑ 金洞寺文殊殿

↓ 金洞寺文殊殿次间的补间铺作

金洞寺的布局很特别，不按中轴线布局，而是依山形、地形而建，主要分布着 5 座殿宇——过殿、文殊殿、转角殿、三教殿和普贤殿。

文殊殿是金洞寺的主殿，建于明嘉靖七年（1528）。大殿建在高台之上，面阔三间，进深六椽，单檐悬山顶。殿内的四椽栿使用弯材，有元代遗风。前檐铺作为五铺作单杪单昂，昂为象鼻昂，耍头雕刻云纹头，耍头之上衬方头出头。明间的补间铺作出华丽的斜拱。柱子顶端有抹角，明代特征明显。柱头铺作的耍头与次间、补间的铺作耍头不同，柱头铺作的耍头雕刻云纹头，补间铺作的耍头则是龙口含珠，极具装饰性。文殊殿的铺作风格趋于华丽。

转角殿在文殊殿西南，建于北宋元祐八年（1093），面阔三间，进深六椽，单檐歇山顶。殿顶举折平缓，出檐深远，角柱侧脚、生起，檐口弧线优美。前檐柱头卷杀明显，柱头铺作为五铺作单杪单昂，补间铺作为隐刻。昂为平出的假昂，上托令拱，令拱上的耍头为下昂形。下昂形耍头与假昂犹如鹰嘴，颇为罕见。山面的柱头铺作为五铺作双杪偷心造，耍头为批竹昂形。铺作用材硕大，铺作高度与柱高之比为 1∶2。殿内的梁架结构特殊，没有四椽栿，用 4 根乳栿（前后檐铺作

↑ 金洞寺转角殿补间铺作
↓ 金洞寺转角殿转角铺作

→ 金洞寺转角殿在金柱之上出现的十字搁架斗拱

的耍头后尾）、4 根丁栿（山面铺作的耍头后尾）及 4 根角枋（四个转角铺作的耍头后尾）与殿内的金柱有机地结合起来。金柱柱头栌斗之上出五面斗拱，托额枋两重，又置斗拱托乳栿和素枋，其上再施驼峰，再置栌斗托平榑，在金柱之上出现十字隔架斗拱，十分壮观。为了解决好梁架的高低错落问题，大量使用枋材，尤其是 4 根角枋的运

↑ 金洞寺转角殿内精致的木制神龛

用，增加了梁架的稳定性。

转角殿内最精彩的是精致的木制神龛，平面为凹字形，座底为波浪状叠涩，束腰部为海棠瓣，上部雕成竹节形。神龛第一层面阔五间，中间的三间为内凹的上、下二层的重檐歇山顶，左右两侧各为单檐的平层，中间的第二层为正方形。神龛之上的斗拱、屋檐、屋脊、阑额、普拍枋俱全。一层一周置斗拱 32 朵，二层的平坐一周置斗拱 18 朵。二层重檐歇山顶，下檐一周置斗拱 26 朵，上檐一周置斗拱 16 朵，远观似花团锦簇。神龛上的彩绘颜色艳丽，拱眼壁上有飞天，额枋上有人物和花卉图案。神龛上方有“先师佑民之阁”牌匾。整座神龛结构精巧、工艺精湛，是难得一见的金代小木作精品。

定襄关王庙大殿

位于定襄县城北关

主要看点

- 大殿的平面格局特殊，明间十分宽大，两次间的宽度仅为明间的 1/3；
- 大殿的檐额规制是国内现存古建筑中完全符合《营造法式》规则的孤例；
- 明间设补间铺作 3 朵，该形制在古建筑中罕见；
- 山面的补间铺作出斜拱，斜拱为短昂，为此前所未见。

↑ 关王庙大殿

关王庙大殿坐西向东，面阔三间，进深四椽，单檐歇山顶。大殿出檐深远，角柱生起明显，檐角高挑。根据大殿梁架特点以及留存的宋代《新修昭惠灵显王庙记》碑刻资料，可以推测出该殿为宋代建筑，是国内现存最早的关庙之一。

↓ 关王庙大殿两次间的阑额，下层阑额穿过明柱成绰幕枋状

其建筑形制有许多独特之处：两山面屋檐挑起的角度明显大于前檐，在其他古建筑中罕见；大殿的平面格局特殊，前檐明间十分宽大，两次间的宽度仅为明间的 1/3；前檐明间的普拍枋下施一根粗大的阑额，与一般元代建筑的阑额置于柱头之上不同（如芮城县城隍庙），而是穿过柱头成直截式；两次间的阑额为上下两层，都比较窄薄，下层阑额穿过明柱成绰幕枋状，以承明间的大阑额，下层阑额的长度为檐额的 1/3，《营造法式》对檐额的规定：“凡檐额，两头并出柱口；檐额下绰幕枋，广减檐额三分之一，出柱长至补间”，关王庙大殿的檐额规制，是国内现存古建筑中完全符合《营造法式》规则的孤例；因为明间十分宽大，明间设补间铺作 3 朵，3 朵补间铺作的形制不一样，中间的 1 朵铺作出斜拱，该形制罕见；前檐柱头铺作为

↑ 关王庙大殿转角铺作

↓ 关王庙大殿从山面出丁栿搭于三椽栿与平梁之间

五铺作双杪，不施令拱；前檐补间铺作、转角铺作为四铺作单昂，下昂很长，耍头、衬方头均为下昂状；山面的补间铺作出斜拱，斜拱为短昂，为此前所未见；檐下铺作大部分不施令拱，直接承托通长替木和撩檐榑；个别铺作在昂下有华头子；大殿柱头铺作和补间铺作均出斜拱的做法，在宋金时期的古建筑中也比较少见。殿内平梁的蜀柱上有丁华抹颏拱，这也是宋金建筑的特征之一。

定襄洪福寺

位于定襄县东北宏道镇北社村

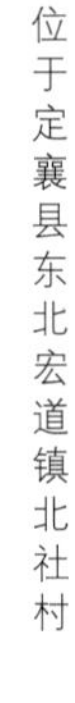

主要看点

+ 毗卢殿三椽栿之上用类似蜀柱的短木承接平梁；

+ 毗卢殿内的 9 尊主塑具有宋代彩塑风格，左侧的胁侍菩萨面带羞涩，右侧的胁侍菩萨拈指胸前，都表现出女性的妩媚；

+ 右侧的金刚竖眉立眼，左侧的金刚双目圆睁，尽显英武威猛的武士气质。

↑ 洪福寺毗卢殿前檐铺作

↓ 洪福寺毗卢殿三椽栿之上用类似蜀柱的短木承接平梁

洪福寺正殿为金代遗构，面阔五间，进深六椽，单檐悬山顶。正殿铺作硕大、密集，前檐柱头铺作为五铺作单杪单昂，昂为批竹昂，昂下有华头子；耍头为昂形，衬方头出头，衬方头由殿内的乳栿伸出。补间铺作为五铺作双杪，皆出斜拱，与佛光寺文殊殿的补间铺作类似。梢间的补间铺作与柱头铺作相连。殿内梁架没有设六椽栿，而是三椽栿压前乳栿、后劄牵用四柱。乳栿之上置梯形驼峰，隐刻卷云

← 洪福寺毗卢殿彩塑，毗卢遮那佛和两旁的弟子迦叶、阿难

纹，十分别致。为了安排彩塑，殿内的后排柱子后移，三椽栿之上用类似蜀柱的短木承接平梁。

殿内9尊主塑具有宋代彩塑风格，正中大佛为毗卢遮那佛，两旁分别为弟子迦叶和阿难，再两旁为文殊和普贤及两尊胁侍菩萨，外侧为护法金刚两尊。殿内的随槫枋上还有悬塑。毗卢遮那佛神态安详，右侧的阿难为诵经状；左侧的迦叶呈冥思苦想状，扭头看着佛祖，姿态特别。毗卢遮那佛右侧的文殊菩萨有慈悲和善的风姿，拈指胸前，表现出女性的妩媚；左侧的普贤菩萨面带羞涩，具普施善乐之气度。

佛台两侧的两尊胁侍菩萨的腰部弯曲，微向前倾，姿态婀娜，项戴璎珞，身披华丽的飘带，亭亭玉立。右侧胁侍菩萨的右臂抬至胸前，右手的拇指和食指呈捏东西状，其他3个手指都呈弯曲状，手指的关节清晰可见，姿态优美，堪称绝品。左侧的金刚竖眉立眼，右侧的金刚双目圆睁，身上的盔甲衣饰逼真，尽显英武威猛的武士气质。这组彩塑人物造型生动、刻画细腻、个性鲜明、各具特色，是我国宋金时期艺术水平较高的一组塑像。

← 洪福寺毗卢殿彩塑，毗卢遮那佛右侧的文殊菩萨

→ 洪福寺毗卢殿，右侧胁侍菩萨手指特写（摄影：杨平）

代县文庙

位于代县城内西南街

主要看点

+ 棂星门上的两块琉璃团龙和 6 根琉璃冲天柱头最为精彩；
+ 大成殿内的藻井和门上的棂花为明代的小木作精品。

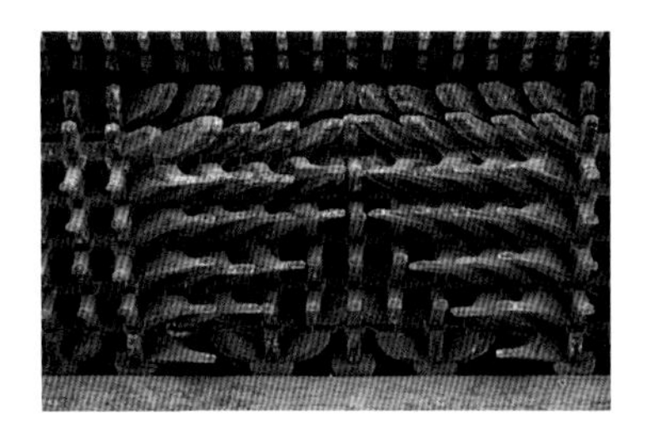

↑ 文庙棂星门

↓ 文庙棂星门檐下铺作（摄影：吴运杰）

文庙重建于元末明初，总体布局采用中轴线对称的宫殿式，沿中轴线自南而北依次为万仞坊、棂星门、泮池、戟门、大成殿、敬一亭。

第二道门是棂星门，为六柱五楼牌坊，六柱直冲云霄，顶端有琉璃盘龙罩。中间为明楼，两侧为次楼，明楼与次楼相间为夹楼。夹楼墙壁上有两块圆形的琉璃团龙，色泽艳丽。这两块琉璃团龙和 6 根琉璃冲天柱头，是棂星门最精彩的地方。

大成殿面阔七间，进深十椽，单檐歇山顶。普拍枋之下使用了 3 层阑额。檐下七铺作单杪三下昂，衬方头出头。殿内的藻井设计精巧、造型华丽——藻井由 4 层斗拱挑起，第一、二层为方形，第三层转为八边形，第四层转为圆形，极尽变化。第四层的斗拱达到了罕见的十铺作。天花板上的彩绘颇为精彩，犹如满天星斗。前檐设置隔扇门，门上的棂花图案达 12 种之多，与殿内藻井同为明代的小木作精品。

↑ 文庙大成殿普拍枋之下使用了 3 层阑额

↓ 文庙大成殿内的藻井

山西中部

Central

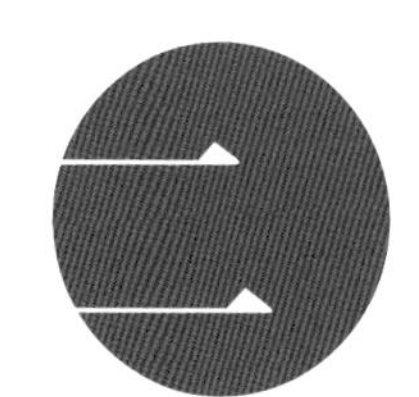

Shanxi

太原晋祠

位于太原市西南25千米处的悬瓮山麓，晋水的发源处

主要看点

+ 圣母殿是我国现存古代建筑中唯一符合《营造法式》殿堂式构架形式的实例；
+ 圣母殿减去了一排前檐柱，使前廊的进深达到了两间，是古建筑中减去前檐柱扩大前廊祭祀空间的唯一实例；
+ 圣母殿下檐柱头铺作出现双假昂，为古建筑中的首例；
+ 圣母殿前廊柱上雕饰有8条蜿蜒欲动的木龙，是我国现存最早的木雕盘龙；
+ 圣母殿内的宋塑侍女群像是我国现存宋塑中的珍品；
+ 鱼沼飞梁是我国现存最早的十字形古桥；
+ 献殿是我国唯一的殿、亭相结合的古建筑；
+ 水镜台是一座集殿、台、楼、阁四种形制为一体的复合建筑，在古建筑中稀见。

晋祠在北魏以前就已存在，是为了纪念晋国的第一代国君唐叔虞而建。1934 年，梁思成、林徽因夫妇考察晋祠后描述说：晋祠既像庙观的院落，又像华丽的宫苑，全部兼有开敞堂皇的局面和曲折深邃的雅趣，大殿、楼阁在古树婆娑、池流映带之间。

晋祠的建筑，可分为中、北、南三部分。中部从大门入，自水镜台起，经会仙桥、金人台、对越枋、献殿、鱼沼飞梁到圣母殿，这是晋祠的中轴线，晋祠的建筑三宝——圣母殿、鱼沼飞梁、献殿，都在这条中轴线上。

水镜台是晋祠中部中轴线上的第一座建筑，建于高台之上，是一座明清时期的复合建筑。从东边看，是一座重檐歇山顶的建筑，它像座楼；底层为宽阔的殿堂形制，它又像座殿。明代时，东边的建筑是酬神演戏的舞台。从西边看，上部是单檐卷棚顶，像座阁；底层又是宽敞的高台，像台式建筑。西边的建筑是清代增修的。这是一座集殿、台、楼、阁四种形制为一体的复合建筑，在古建筑中稀见。西边的单檐卷棚顶楼台建筑是一座戏台，三面开敞，演戏时为前台，面向

→ 晋祠水镜台（侧观）

← 晋祠献殿

→ 晋祠献殿的柱头铺作、补间铺作

圣母殿。东边的重檐歇山顶建筑，演戏时用作后台。台下埋着 8 个大水缸，每两个扣在一起，形成 4 组“大音箱”，这是古人用来增强音响的方法。

献殿是供奉祭品的场所，建于金大定八年（1168），面阔三间，进深四椽，单檐歇山顶。献殿共用了 12 根柱子，柱子的侧脚、生起明显，角柱生起达 8 厘米，翼角飞起。献殿的铺作借鉴了圣母殿下檐铺作的形制，前檐柱头铺作为五铺作双假昂，补间铺作为五铺作单杪单昂，下昂为真昂斜下伸出，耍头为批竹昂形。献殿的梁架只在四椽栿上放一层平梁，梁栿间用驼峰隔承，既简单省料，又轻巧坚固。殿的四周除中间前后辟门外，均筑低矮坚厚的槛墙，槛墙上为栅栏，形如一座凉亭，灵巧而豪放。这是我国唯一的殿、亭相结合的古建筑。

鱼沼飞梁在圣母殿与献殿之间。鱼沼是晋水三泉之一。古人以方形为沼，圆形为池，因其是方形，水中又多鱼，故名“鱼沼”。沼上架有十字形桥，曰“飞梁”。东西桥面宽阔，为通往圣母殿的要道，而南北桥面下斜，如鸟之两翼翩翩欲飞。沼中立有 34 根小八角石柱，

→ 晋祠鱼沼飞梁（摄影：乔新华）

桥边缀勾栏。这种形制奇特、造型优美的十字形桥梁，实为罕见，是我国现存最早的十字形古桥。梁思成评价："此式石柱桥，在古画中偶见，实物则仅此一孤例，洵为可贵。"它对于研究我国古代桥梁建筑有极高的价值。

宏伟壮观的圣母殿重修于北宋崇宁元年（1102），背依悬瓮山，前临鱼沼，坐西朝东，独居中轴线末端，冠于全祠，是晋祠现存最古老的建筑。大殿面阔七间，进深六间，重檐歇山顶，通高 19 米，殿四周有回廊，即《营造法式》所载"副阶周匝"的做法，是我国现存古建筑中最早的实例，也是我国现存古代建筑中唯一符合《营造法式》殿堂式构架形式的建筑。为了扩大前廊的祭祀空间，减去了一排前檐柱，使前廊的进深达到了两间，十分宽敞，这是古建筑中减去前檐柱扩大前廊祭祀空间的唯一实例。廊柱从中间向两侧逐渐生起，屋檐形成优美的弧线。下檐铺作为五铺作，柱头铺作出双下昂，补间铺作为单杪单昂。下檐柱头铺作平出双假昂，并不像一般的昂向下倾斜，为古建筑中的首例。梁思成先生认为："其昂两层实以华拱而将外端斫

作昂嘴形者，为后世常用之昂形华拱最早一例。”下檐补间铺作为单杪单下昂，昂为真昂，耍头为昂形。上檐铺作为六铺作，柱头铺作为双杪单下昂，补间铺作单杪双下昂，第一跳都为翼形拱。上檐柱头铺作的昂为真昂，上檐补间铺作的双下昂乃平置之假昂。真昂与假昂这两种铺作形式，在上、下两檐互换了位置。圣母殿的铺作形制变化多样，是现存宋代建筑中铺作样式最多的建筑。上、下檐柱头铺作样式不同，上、下檐的补间铺作样式有异，形成了参差错落的秩序感。中国的木结构建筑，经历了由隋唐的雄壮坚实到明清的华丽轻巧的发展过程，而宋代建筑正是这个过程中的重要环节。圣母殿是宋代建筑的代表作，对于研究中国建筑发展史很有价值。此外，大殿前廊柱上雕饰有 8 条蜿蜒欲动的木龙，是我国现存最早的木雕盘龙。8 龙各抱一根大柱，怒目利爪，栩栩如生，虽距今千年，鳞甲、须髯清晰，跃跃欲飞。

← 晋祠圣母殿前廊

← 晋祠圣母殿二层前檐柱头铺作（摄影：乔新华）

→ 晋祠圣母殿木雕盘龙

↓ 晋祠圣母殿宋代侍女塑像

宋塑侍女群像在圣母殿内，共有30余尊，是我国现存宋塑中的珍品。她们或梳妆、洒扫，或奏乐、歌舞，举手投足，顾盼生姿。在这些彩塑侍女身旁，仿佛能听到她们的娓娓低语。郭沫若有诗云："倾城四十宫娥像，笑语嘤嘤立满堂。"这组国内罕见的侍女群像，形神兼备。在艺术风格上，从对佛像的全力塑造，转化到对世俗人物的深入刻画，这是中国雕塑艺术史上的一个飞跃，宋塑侍女像就是记录这一变迁的活化石。在古代雕塑史上，对人物个性的细致刻画，微妙的造型能力，晋祠宋塑首开一代新风。

晋祠内的"唐碑亭"也是值得一看的地方。"唐碑亭"又名"贞观宝翰亭"，位于唐叔虞祠东侧，唐碑即《晋祠之铭并序》碑，由唐太宗李世民撰文并书。碑高195厘米、宽120厘米、厚27厘米。李渊、李世民父子起兵太原，贞观二十年（646），唐太宗到晋祠酬谢唐叔虞神恩，铭文歌颂唐叔虞的建国策略，实际上是把大唐在文化上的正统上溯至西周。铭文又宣扬了唐王朝的文治武功，以期巩固政权。铭文中提出了兴邦建国、为政以德等"贞观之治"的政治思想。全文1203字，行书体，劲秀挺拔、飞逸洒脱，笔力奇逸含蓄，有王羲之的书法神韵，可谓行书楷模，是中国现存最早的一块行书碑。《晋祠之铭并序》碑，是一通集史学、文学、政治、书法为一体的丰碑巨碣，是研究我国书法艺术的珍贵资料。

太原崇善寺

位于太原市迎泽区狄梁公街

主要看点

+ 大悲殿为标准的明代官式建筑，具有较高的艺术价值；
+ 大悲殿内的千手千眼观音菩萨、普贤菩萨、文殊菩萨彩塑为明代雕塑艺术珍品，尤以千手观音菩萨塑像最为精彩。

↑ 崇善寺大悲殿（供图：杭州大视角文化公司）

↓ 崇善寺大悲殿千手观音菩萨塑像（供图：杭州大视角文化公司）

崇善寺建于明洪武年间，是朱元璋第三子晋王朱棡在原有寺庙的基础上扩建而成，南北长 550 米、东西长 250 米，总面积达 14 万平方米。寺内的建筑大部分毁于清同治三年（1864）的火灾，仅存大悲殿和一些附属建筑。现在的崇善寺仅为原寺面积的 1/40。

大悲殿面阔七间，进深八椽，重檐歇山顶。屋顶黄、绿琉璃剪边，为标准的明代官式建筑，在建筑时间上早于北京故宫的太和殿，具有较高的艺术价值。檐下铺作硕大，上檐单杪双昂六铺作，下檐双昂五铺作。殿内从柱子、梁枋到平棊，全部采用了宫廷中常用的金碧彩绘，富丽堂皇。

大悲殿正面的 3 尊泥塑贴金菩萨立像是明洪武年间（1368—1398）的作品，距今已有 600 余年的历史。正中是千手千眼观音菩萨，左为文殊菩萨，右为普贤菩萨。三尊菩萨像高达 8.8 米，眼睛明亮深邃，面容妩媚

端庄，身姿秀美、线条流畅、衣饰华贵，为明代雕塑艺术珍品。观音菩萨的头顶和耳后分 5 层排列 10 个佛头，连本身头像共 11 面，亦称十一面观音。观音两手合十于胸前，另有两手相合于腹前，左右共有 20 只手臂，每个手中心各有一眼。两侧的手臂如孔雀开屏一样伸展，每只手臂都十分柔美，手中拿着各种不同的器物。在菩萨身后还塑有无数的手臂，密密麻麻排列成圆形放射状。文殊塑像为三面六臂，身后是由一圈一圈的手臂组成的背光屏，每只手上托着一个金钵，每个金钵中都端坐着一尊释迦佛，每尊释迦佛的眉眼都清晰可辨，形成千臂千钵千佛。普贤菩萨头戴五佛花冠，佩戴珠串璎珞，帛带于双臂缠绕后垂下，左手捧钵于胸前，右手垂下，身后是圆形的火焰背光屏，如万道霞光。像崇善寺大悲殿这种高大的千手菩萨立像，在山西的古代寺庙中属于首例。

殿内有明代木雕长供桌，供桌前面雕刻 7 条一米多长的青龙，盘绕飞腾，形态各异，是罕见的明代木雕精品。

↑ 崇善寺大悲殿千臂千钵文殊菩萨塑像（供图：杭州大视角文化公司）

↓ 崇善寺大悲殿普贤菩萨塑像（供图：杭州大视角文化公司）

太原窦大夫祠

位于太原市西北20千米的上兰村

主要看点

+ 献殿的两根后檐柱成为大殿的明间廊柱，这种方法在古建筑上称为“勾连搭作”，现存古建筑中的实例不多；

+ 献殿的藻井玲珑别致，是元代小木作中的珍品。

窦大夫祠是祀奉春秋时期晋国大夫窦犨（chōu）的祠庙。现存山门、献殿、大殿重建于元代至正三年(1343)。山门为五间六椽，后檐的阑额下有绰幕枋。后檐柱减去两根，剩余的两根檐柱粗壮，外移至明间与次间的中线上。六椽栿伸出为补间铺作的耍头。从山门柱头的情形来看，山门在明代进行了重修。献殿单檐歇山顶。阑额下有绰幕枋，檐下铺作为五铺作双昂，衬方头出头。大殿面阔五间，进深六椽，单檐悬山顶，檐下铺作与献殿相同。献殿四根檐柱粗大，柱子的底部直径达到70厘米。柱子收分、侧脚明显，两根后檐柱成为大殿的明间廊柱，献殿的后檐与大殿前廊连为一体。这种前后两座建筑共用柱子的方法，在古建筑上称为“勾连搭作”，现存古建筑中的实例不多。献殿的藻井制作工艺精湛，藻井由五层斗拱组成。除了第二层的斗拱为三昂六铺作外，其他各层斗拱都为五杪八铺作。每层的斗拱数量由

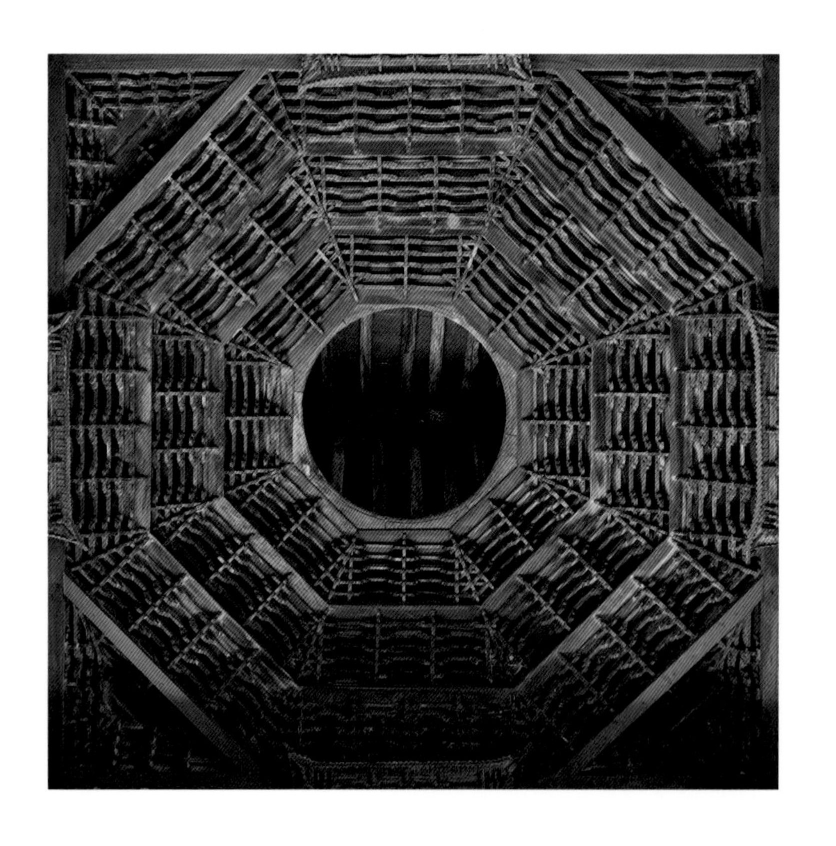

← 窦大夫祠献殿藻井（摄影：吴运杰）

↑ 窦大夫祠献殿的 2 根后柱成为大殿的明间廊柱（摄影：刘晧天）

下往上，逐层递减。层层叠叠的斗拱犹如众星捧月，在第二层每面设有四柱三间的神龛，形成天宫楼阁。整个藻井玲珑别致，密实的斗拱排列，有编织的效果，是元代小木作中的珍品。献殿的柱础阔大，边长达到 1.2 米。

阳曲不二寺

位于阳曲县黄寨镇首邑西路

主要看点

+ 三圣殿平梁上出现双层叉手，它发展了北宋时期的复合式叉手，成为平行的双叉手；

+ 三圣殿佛像背后的背光颇为精美，背光上的人物、动物塑像是古代寺庙中比较精彩的所在。

不二寺始建于北汉乾祐九年（956），重建于宋咸平六年（1003），金明昌六年（1195）大修。后又经元、明、清各代维修，但基本保持了宋金建筑的风格。近年在三圣殿内的脊槫发现三条墨书题记，其一为“大汉乾祐九年丙辰岁建造，都维那宋会、徐德”，其二为“宋咸平六年庚子岁重建”，其三为“大金明昌六年岁次乙卯八月十七日重建法堂记”。

三圣殿面阔三间，进深六椽，单檐悬山顶。大殿前檐带廊，有檐柱 4 根，阑额和普拍枋皆出头。外檐铺作为五铺作单杪单昂，柱头铺作用假昂，补间铺作用真昂，柱头铺作的衬方头出头，补间铺作的衬方头不出头。普拍枋之上有泥道拱、慢拱两层，即《营造法式》所说的“扶壁拱”，与大同善化寺三圣殿、繁峙岩山寺文殊殿的重拱式复壁拱形制一样，是山西中部古建筑“重拱式扶壁拱”的实物例证。

殿内梁架为四椽栿接前后劄牵用四柱，四椽栿前端与劄牵之间设有驼峰，四椽栿之上有驼峰，劄牵与四椽栿都有托脚。平梁上出现双层叉手，与夏县司马光祠中的余庆禅院大殿的双层叉手类似，但有所区别，余庆禅院大殿的双层叉手并排贴近，不二寺三圣殿的双层叉手之间有一定的距离，它发展了北宋时期的复合式叉手，上

← 不二寺三圣殿檐下的重拱式扶壁拱

→ 不二寺三圣殿梁架结构

叉手支撑于丁华抹颏拱两端，下叉手支撑于丁华抹颏拱底部，成为平行的双叉手。

殿内供有华严三圣等彩塑 9 尊，主尊毗卢遮那佛结跏趺坐于须弥座上。佛像背后的背光颇为精美，高达 4.7 米，四周是火焰造型；最高处塑佛祖像，佛祖像下面中部依次为金翅鸟王、对称的两飞天、两飞龙；两侧外缘是二十四诸天神像；背光下部两侧对称雕塑口含青草的小鹿、凶猛的狮子、温顺的白象。这座背光上的人物、动物塑像，是古代寺庙塑像中比较精彩的。

殿内的东壁绘药师佛佛会图，西壁绘阿弥陀佛佛会图，皆为明代作品。东壁壁画的主体为“东方三圣”——药师佛居中，左右为日光菩萨、月光菩萨。西壁壁画的主体为“西方三圣”——阿弥陀佛居中，左右为大势至菩萨、观世音菩萨，两位菩萨的面容端庄秀丽，衣饰上的线条流畅。西壁下部是一组长卷《礼佛图》，描绘皇帝礼佛的场景，画面通过宫人执炉、点香的细节，把礼佛活动刻画得惟妙惟肖。

← 不二寺三圣殿毗卢遮那佛背光屏上的悬塑

→ 不二寺三圣殿西壁壁画《礼佛图》局部

榆次城隍庙

位于晋中市榆次区府兴路榆次老城内

主要看点

+ 高大的玄鉴楼与乐楼、戏台、影壁形成一组复合建筑，屋顶高低错落，琉璃琳琅满目，屋檐翼角飞起，楼间勾心斗角；

+ 玄鉴楼顶部留空的空心藻井，在古建筑中稀见；

+ 显佑殿内的金柱上置双层斗拱承托梁架，这种梁架形制在古建筑中不多见；

+ 城隍庙建筑的屋脊上大量采用琉璃雕花，花朵盛开、花瓣重叠，色彩浓艳、富丽堂皇。

← 城隍庙玄鉴楼与乐楼、戏台、影壁形成一组复合建筑

城隍庙始建于元，后经明、清两代多次增修。现存主要建筑有山门，玄鉴楼，乐楼，显佑殿，寝殿，钟、鼓楼等。

经过山门之后，高大的玄鉴楼与乐楼、戏台、影壁形成一组复合建筑。这组复合建筑虽为三个历史时期建造，却浑然一体，屋顶高低错落，琉璃琳琅满目，屋檐翼角飞起，楼间勾心斗角。

玄鉴楼面阔五间，进深四椽，为二层四檐歇山顶楼阁式建筑，通高 17 米。楼顶的脊刹为三座重檐歇山顶的楼阁组成的复合琉璃楼阁，楼阁上的孔雀蓝颜色纯正。楼阁两侧有精美的琉璃花朵雕饰，工艺水平极高。玄鉴楼内有 3 个开放式的空心藻井，都是由一圈七铺作斗拱围成，这种顶部留空的空心藻井，可能是古建筑中的孤例。玄鉴楼背后为进深两椽的歇山顶乐楼，乐楼设平坐。乐楼往北是面阔一间、进深两椽的过路戏台，单檐卷棚歇山顶。

乐楼两侧是歇山顶的八字琉璃影壁，由基座、壁身、壁顶组成，为明代作品。壁身部分巨大的长方形琉璃烧制精美，拼接细致。影壁上的琉璃麒麟腹部鼓起，画面具有层次感、立体感。壁顶部分的双层斗

→ 城隍庙乐楼两侧的八字琉璃影壁（右侧）

→ 城隍庙玄鉴楼内的空心藻井

→ 城隍庙显佑殿梢间的补间铺作

→ 城隍庙显佑殿内金柱上置双层斗拱承托梁架

拱和深远的出檐，使得影壁远观似一座殿堂。紧挨着乐楼的两座影壁在空间上与乐楼、玄鉴楼形成回音区，有利于舞台上的音响效果。玄鉴楼对面是显佑殿与献殿，两侧的东、西廊房与玄鉴楼、显佑殿形成一个大院落。站在献殿上看玄鉴楼等建筑，5 个歇山顶的建筑映入眼帘，层层叠叠、错落有致。

显佑殿是城隍庙的正殿，面阔五间，进深六椽，单檐歇山顶。显佑殿的前、后檐梢间、补间铺作出现了半斜拱，国内罕见。殿内的四椽栿为月梁，金柱上置双层斗拱承托梁架，并由此抬高了屋顶，这种梁架形制在古建筑中不多见。与大殿前檐相接的三间卷棚顶抱厦是献殿，和对面的卷棚顶戏楼形成呼应。献殿与显佑殿共用了 4 根柱子，与太原窦大夫祠的建筑类似。

寝殿位于城隍庙的最后一座院落，东西两侧各有配殿 3 间。在寝殿与配殿之间，由两座八字砖雕影壁相连，影壁建于明成化年间。影壁高 3.4 米、宽 6.3 米，壁心为“二龙戏珠”大幅砖雕，雕刻细腻，如此大尺幅的明代砖雕，比较少见。

榆次城隍庙的建筑，除了山门两侧的掖门、钟楼、鼓楼外，其他建筑的屋脊上都采用琉璃构件进行装饰，尤其是大量采用琉璃雕花，花朵盛开、花瓣重叠，色彩浓艳、富丽堂皇。显佑殿正脊上的 8 条行龙，穿行于花朵之间，增加了画面的动感。

↑ 城隍庙寝殿两侧的砖雕影壁局部

柳林香严寺

位于柳林县城东北

主要看点

+ 大雄宝殿内长达 32 米的龛台上镶嵌着 108 块元代砖雕，是国内稀见、保存完整的元代砖雕艺术珍品；
+ 毗卢殿、观音殿、天王殿铺作的衬方头都做了艺术加工，在其他古建筑中不多见；
+ 观音殿等建筑的屋顶覆黑釉琉璃，比较少见。

↑ 香严寺大雄宝殿

↓ 香严寺大雄宝殿内的元代砖雕“童子骑狮”

香严寺建筑规模宏大，庙宇层层叠叠、高低错落、鳞次栉比、流光溢彩。现存大雄宝殿为金代建筑；毗卢殿为元代建筑；天王殿、慈氏殿、东配殿、观音殿等建筑有元代风格；钟、鼓楼，崇宁殿，藏经殿等为明清建筑，是一处以金元建筑为主体，明清建筑相配合的古建筑群。

大雄宝殿建于金代，为寺内的主殿，立于台基之上。大殿面阔五间，进深六椽，单檐悬山顶。前檐铺作为五铺作双昂，铺作硕大。殿内梁架为四椽栿接前后劄牵用四柱，后槽金柱采用了减柱造，减去两次间的金柱。殿内长达 32 米的龛台（元代碑刻称为“供床”）上镶嵌着 108 块元代砖雕，表现题材丰富，雕刻刀法流畅，工艺精湛细腻。砖雕图案有龙、凤、孔雀、狮子、牡丹、荷花、菊花、人物等。其中一幅作品“童子戏莲”，满脸稚气的童子手握荷叶柄，笑吟吟地将荷叶背在肩上，充满童趣。另一幅作品“童子骑狮”，一位头扎双髻的童子骑在狮背上，左手握绸，右手挥拳；狮子的前蹄蹬地，后蹄腾空，动感十足，将童子的可爱、狮子的雄健刻画得栩栩如生。这些元代砖雕，是国内稀见、保存完整的元代砖雕艺术珍品。

毗卢殿面阔五间，进深六椽，单檐歇山顶。明间、次间的前部作廊。柱头卷杀，前檐铺作为五铺作单杪单昂，柱头铺作用假昂，补间铺作用真昂。两山和后檐柱头铺作为五铺作双杪，铺作的衬方头都经过艺术加工。殿内梁架为四椽栿接前后劄牵用四柱，明间的两根檐柱外移了 1.2 米，柱网布局采用了减柱造，与大雄宝殿一样，减去后排两次间的金柱。

毗卢殿、观音殿、天王殿铺作的衬方头都做了艺术加工，在其他古建筑中比较少见。天王殿、观音殿、地藏殿、慈氏殿、东配殿均为面阔三间、进深六椽的悬山顶建筑，带前廊，殿内梁架都为三椽栿接前劄牵用三柱。东配殿阑额不出头、普拍枋出头，后檐铺作的栌斗直接坐于柱头之上，具有宋金建筑风格。观音殿等建筑的殿顶覆罕见的黑釉琉璃，也是元代的屋顶装饰风格。藏经殿的殿顶覆精美的黄、绿、蓝高浮雕琉璃，无论色泽还是工艺，皆为一流。

↑ 香严寺观音殿铺作耍头、衬方头

↓ 香严寺观音殿屋顶的黑釉琉璃鸱吻

汾阳太符观

位于汾阳市东北17千米的上庙村

主要看点

+ 正殿昊天玉皇上帝殿的墙砖之间没有用泥粘连，采用了磨砖合缝的手法建造；

+ 殿内玉皇大帝左右的两尊侍女塑像，面容秀丽、神态端庄，为明代彩塑佳作；

+ 圣母殿中的奶母娘娘彩塑最为传神，娘娘的左腿半屈，右腿下垂，脚尖点地，双脚是典型的“三寸金莲”，时代特色明显。

← 太符观正殿玉皇大帝左侧侍女与大臣塑像

正殿昊天玉皇上帝殿为金代建筑，坐北向南，立于台基之上，前有月台。正殿面阔三间，进深六椽，单檐歇山顶。大殿出檐深远，角柱生起，檐口飘逸，翼角飞起。柱间设阑额、普拍枋，阑额不出头，普拍枋出头。前檐铺作为五铺作双杪，古朴简洁。两次间设直棂窗，有唐宋风格。殿门为板门，每扇门上各钉 5 排金瓜形铁铆钉，每溜 10 个，共 100 个（古建筑中的门钉最多为 90 个），比较少见。该殿的墙砖之间没有用泥粘连，采用了磨砖合缝的手法建造。

殿内有玉皇大帝及侍者 7 尊彩塑，躯体高大、神情各异、生动传神，为艺术水平较高的明代作品。在道教系统中，玉皇大帝并不是处于最高的位置，所以大殿内主神位置的玉皇大帝手中还拿着一个笏板。玉皇大帝左右的两尊侍女塑像，面容秀丽，发式均为双高髻，与晋祠圣母殿侍女塑像的发式相似。她们身着广袖袍服，衣服上的图案华丽，衣饰线条流畅，体态匀称丰满，神态端庄，不失为明代彩塑佳作。殿内的东、北、西三面墙上布满壁画，内容为道教众神朝元图，壁画上的人物共分为 134 组，每组神像旁边都有榜题。

圣母殿为东配殿，明代晚期重修。圣母殿面阔五间，进深六椽，单檐悬山顶，前檐带廊，廊柱抹角。殿中有圣母像 9 尊，侍女像 20 余尊，正中一尊塑像为圣母的正身，其余 8 尊为她的分身——“婚配”“子孙”“护佑（保胎）”“如意（接生）”“奶母”“麻疹”“通颖”“智慧”等 8 位圣母娘娘。8 位圣母娘娘各司其职，人们根据每个阶段的不同需求，拜请相应的娘娘保佑。像太符观这样满堂塑造 9 位圣母娘娘，在其他建筑中极少见到。其中的奶母娘娘彩塑最为传神，娘娘身着哺乳装，怀抱正在吃奶的婴儿，婴儿的一只手放在娘娘的另外一个乳房上，娘娘的左腿半屈，右腿下垂，脚尖点地，双脚是典型的“三寸金莲”，时代特色明显。彩塑中呈现妇女的小脚，在古建筑

← 太符观圣母殿奶母娘娘彩塑

→ 太符观表现圣母生活场景的壁画·伎乐演奏图

← 太符观五岳殿“四渎出行”悬塑（供图：杭州大视觉文化公司）

→ 太符观五岳殿“龙爪与人头”彩塑

的彩塑中极为少见。殿内墙壁上绘有表现圣母生活场景的壁画，山墙上有制作精美、色彩华丽的悬塑，是圣母出行和回宫的场景，侍从前呼后拥，热闹非凡。

五岳殿为西配殿，面阔五间，进深六椽，单檐悬山顶，前檐带廊，廊柱卷杀，有元代特征。殿内有 5 座神龛，供奉五岳大帝，左右两侧还有“四渎”之神（古代将黄河、长江、淮河、济水并称为四渎）。在古代建筑中，像太符观这样，将五岳山神、四渎河神齐聚一堂祭祀，国内罕见。南北两壁上的“五岳出巡”“四渎出行”悬塑，群山连绵，祥云缭绕，场面宏大。五岳大帝，东岳为尊；四渎之神，河神为尊。

平遥镇国寺

位于平遥县城东北的郝洞村

主要看点

+ 万佛殿出檐深远，保留了唐代风格，类似五台山佛光寺东大殿的出檐效果；
+ 柱头铺作总高 1.85 米，超过了柱高的一半，在历代寺庙建筑中罕见；
+ 前檐铺作的拱端卷杀，分瓣内凹，继承了唐代风格；
+ 殿内梁架使用上下平行的两条六椽栿的做法，国内罕见；
+ 铺作的昂尾压于上一条六椽栿下，这也是现存古建筑中“上梁压昂”的较早实例；
+ 四椽栿与平梁之间设铺作，是“梁栿铺作式”的最早实例；
+ 殿内有彩塑 11 尊，为五代原作，国内稀见。

↑ 镇国寺万佛殿出檐深远，保留了唐代风格

↓ 镇国寺万佛殿柱头铺作总高 1.85 米，超过了柱高的一半

→ 镇国寺万佛殿使用平行的两条六椽栿，铺作的昂尾压于上六椽栿之下，即“上梁压昂”

万佛殿是北汉天会七年（963）的原物，清代进行过维修，但保持了“规制奇古”的五代风格。万佛殿平面近方形，面阔三间，进深六椽，屋顶为单檐歇山式。大殿出檐深远，达到 2.94 米，保留了唐代风格，类似五台山佛光寺东大殿的出檐效果。柱间有阑额，阑额不出头，阑额之上无普拍枋。万佛殿的建造时间与佛光寺相差 100 余年，可以看出两者在建筑风格上的传承关系。殿内的梁架结构为六椽栿通檐用两柱，而且是上下平行的两条六椽栿，铺作的昂尾压于上一条六椽栿下，这也是现存古建筑中“上梁压昂”的较早实例。古建筑使用上下平行的两条六椽栿的做法，比较罕见。两条六椽栿之间有顺栿串，顺栿串上隐刻斗拱。上平槫之下的六椽栿、四椽栿、平梁之间出现隔架十字斗拱。上六椽栿与四椽栿之间、四椽栿与平梁之间都出现半拱，也比较少见。四椽栿与平梁之间设铺作，是“梁栿铺作式”的最早实例。殿内无柱。前檐柱头铺作为七铺作双杪双下昂，补间铺作为五铺作双杪。柱头铺作总高 1.85 米，超过了柱高的一半，在历代寺庙建筑中罕见。前檐铺作的拱端卷杀，分瓣内凹，继承了唐代风格。檐柱侧脚，生起 5 厘米。高大的铺作、深远的出檐，使屋顶形如伞状。

殿内有彩塑 11 尊，为五代原作，国内稀见。殿内的彩塑布局具有唐代风格，两侧的坐姿胁侍菩萨神态端庄，立姿胁侍菩萨姿态优美。

五代的建筑遗存很少，万佛殿与殿内彩塑为研究中国建筑史和雕塑艺术史提供了极其珍贵的实物。

← 镇国寺万佛殿立姿胁侍菩萨

→ 镇国寺万佛殿坐姿胁侍菩萨（左侧）

平遥文庙大成殿

位于平遥县城内东南隅

主要看点

+ 大成殿出檐深远，铺作硕大，具有唐宋建筑遗风；
+ 补间铺作与常见的铺作迥异，一根单昂搭于罗汉枋之上承托挑檐槫，是在补间铺作形式上的一种创新；
+ 铺作上的衬方头为短昂状，与下昂形成呼应。

大成殿重建于金大定三年（1163），是全国文庙中仅存的金代建筑，在建造时间上仅次于河北省正定县文庙。大成殿为文庙的主殿，面阔五间，进深十椽，平面近方形，单檐歇山顶。出檐深远，铺作硕大，具有唐宋建筑遗风。普拍枋出头，阑额不出头。前檐柱头铺作为七铺作双杪双昂，昂为批竹昂，耍头为蚂蚱形，耍头之上的衬方头为短昂状，与下昂形成呼应。第一跳、第三跳施翼形拱。这种隔跳翼形拱曾经在朔州崇福寺弥陀殿的后檐补间铺作出现过。第二跳重拱，上托罗汉枋。铺作与柱高比接近唐代建筑。 明间和两次间的补间铺作与常见的铺作迥异，为一根单昂，形态介于斜梁与下昂之间，搭于罗汉枋之上，承托挑檐榑，比较少见。单昂的使用，形式简洁省料，通过罗汉枋分解屋顶的荷载，是在补间铺作形式上的一种创新。

↓ 文庙大成殿

↑ 文庙大成殿前檐柱头铺作

↓ 文庙大成殿前檐补间铺作

平遥双林寺

位于平遥县城西南的桥头村北

主要看点

+ 释迦殿内的观音渡海雕塑十分精彩，画面通过大海的风高浪急，衬托观音的安详，达到了极佳的艺术效果；

+ 千佛殿内的韦驮塑像，定格了瞬间发力的状态，动感十足，是我国古代寺庙彩塑中最成功的韦驮塑像。

寺院初建于北齐，现存建筑为明清所建。主要建筑有天王殿、释迦殿、大雄宝殿、千佛殿、菩萨殿等。

天王殿面阔五间，进深六椽，单檐悬山顶，前后插廊。前檐铺作为五铺作双昂，昂为如意假昂。廊檐下一字排列四大金刚，这样的布局在寺庙中罕见。金刚浓眉立目、目光锐利，胸肌隆起，姿态威猛，英武之气毕露。

释迦殿面阔五间，进深六椽，单檐悬山顶。檐下无铺作。殿内供奉释迦牟尼佛和两位胁侍菩萨，四壁悬塑48组佛传故事、200多尊塑像，形象不同、神态各异。以塑像的形式来表现释迦牟尼佛的生平故事，具有很高的艺术价值。殿内主佛背后的观音渡海雕塑十分精彩，大海波涛汹涌，观音像用圆雕手法雕塑，观音侧身单腿盘坐于红色莲瓣之上，神情安详，周边有众罗汉护持。画面通过大海的风高浪急，

→ 双林寺释迦殿观音塑像

衬托观音的安详，达到了极佳的艺术效果。

千佛殿在大雄宝殿之东，殿内的彩塑达 500 余尊，占全寺塑像的 1/4。主像为自在观音，面相妩媚，姿态洒脱。殿内最精彩的是韦驮塑像，昂首挺胸，身穿甲胄，左手拿金刚杵（现已残），右手握拳，威风凛凛。雕塑时很注意细节的处理，韦驮的身体呈“S”形，重心在左腿，呈稍息状站立，但其上半身大幅向右扭曲，眼睛却朝左看去，定格了瞬间发力的状态，动感十足，是我国古代寺庙彩塑中最成功的韦驮塑像。

菩萨殿在大雄宝殿之西，殿内的主像为千手观音，仪态端庄，众多的手臂伸向两侧，手势千变万化，似乎能看到纤巧的手指在活动。

← 双林寺千佛殿自在观音彩塑

→ 双林寺千佛殿韦驮塑像（供图：杭州大视角文化公司）

↑ 双林寺菩萨殿千手观音塑像（摄影：王俊彦）

四周悬塑 400 多尊高约 50 厘米的菩萨，皆脚踩祥云，衣带飞舞，一派佛国仙境。

双林寺彩塑继承了唐宋以来的艺术传统，更加注重细节的处理，是我国明代寺观彩塑的佼佼者。寺内保存完好的彩塑达 2000 多尊，堪称一座彩塑艺术宝库。

太谷无边寺白塔

位于太谷县城西南的南寺街

主要看点

+ 每层的塔檐、平台之下都有叠涩，外观上形成每层重檐的效果，犹如花朵盛开，十分别致。

白塔修建于北宋时期，是无边寺中的建筑。塔身平面呈八角形，共 7 层，高约 43 米，为楼阁式仿木砖塔，内有楼梯，拾级而上可至塔顶。每层均有出檐及平台，塔檐、平台下皆有砖雕仿木斗拱，因为每层的塔檐、平台之下都有叠涩，外观上形成每层重檐的效果，犹如花朵盛开，十分别致。

塔身的斗拱制作精巧，第一层至第四层均为六铺作，耍头为蚂蚱形；第五、六层为五铺作；只有第三层的斗拱出昂。第一层至第三层的翼角都出斜拱。最上一层的平台上筑三层莲瓣，塔顶为宝瓶式塔刹。塔上的门分为真、假券门，其中的真券门分布：一层正南门，二层正南、西北向各一门，三层正南、东北向各一门，四层正南、东南向各一门，五层正西、正东各一门，六、七层均为正南门。第一层至第三层筑有假直棂窗。第三、四层共设佛龛 120 个。每层的 8 个翼角处，子角梁头均饰有黄绿套色的琉璃脊兽，共计 56 个。子角梁下部悬挂 56 个铁铸风铎。

← 无边寺白塔

→ 无边寺白塔的塔刹

→ 无边寺白塔第一层塔檐与平台之间的三层莲花

太谷净信寺

位于太谷县城东的阳邑村

主要看点

- 净信寺完整地保存了古代佛寺的配套布局，是明代佛寺布局的范本；
- 戏台两侧有单檐歇山顶的八字牌楼式影壁，低矮的影壁和其深远的出檐对比强烈，从戏台的正面远观，形成了四檐相聚、翼角飞扬、玲珑别致的效果；
- 戏台两侧影壁铺作的昂嘴纤细，这种形制在戏台建筑中罕见；
- 后院建筑殿顶的琉璃构件色彩华丽，制作精美；
- 寺中的彩塑极具个性，具有很高的艺术价值，多尊彩塑的手指造型艺术很高。

净信寺始建于唐代，明清时期重修。现存建筑分布在两进院落，中轴线上依次为戏台、三佛殿、大雄宝殿。前院两侧有东天王殿、娘娘殿、钟楼、西天王殿、鼓楼、灰泉殿左右对称，后院有东碑廊、狐仙殿、观音菩萨殿、普贤菩萨殿、西碑廊、土地殿、地藏菩萨殿、文殊殿菩萨殿东西相对。大雄宝殿左右有东西耳房各三间，东耳房为关帝殿，整个建筑布局严谨，是一座以明代建筑为主的寺院。净信寺完整地保存了古代佛寺的配套布局，是明代佛寺布局的范本。

戏台是寺内的主要建筑之一，平面为“凸”字形，面阔三间，前台为单檐歇山卷棚顶，后台为悬山顶，前后台的屋顶都以孔雀蓝琉璃覆顶。柱头上有通长的额枋，额枋出头，出头的侧面刻狮子头，比较少见。檐下柱头铺作、转角铺作都为五铺作双昂，耍头为龙首形，昂嘴为龙回头。戏台两侧有单檐歇山顶的八字牌楼式影壁，影壁宽 2 米，高只有 1.7 米，出檐最长处达到 1.9 米。低矮的影壁和其深远的出檐对比强烈，影壁的铺作为四昂七铺作，铺作的昂嘴纤细，这种形制在戏台建筑中罕见。卷棚顶的前台翼角、悬山顶的后台翼角、两侧牌楼式影壁的翼角、两侧偏门的屋檐，形成了四檐相聚、

← 净信寺戏台，额枋出头，出头的侧面刻狮子头

→ 净信寺戏台

翼角飞扬、玲珑别致的效果。尤其是两侧牌楼式影壁的深远出檐，增加了戏台在视觉上的层次。

戏台正对三佛殿，两侧分布四座殿宇，钟楼、鼓楼在两侧居中，钟鼓楼为方形二层攒尖顶，是山西地区少见的攒尖顶钟鼓楼。前院建筑皆彩色琉璃覆顶，屋脊正中皆设宝顶，色彩斑斓，此起彼伏，造成五彩缤纷的效果。钟鼓楼檐下悬挂明代制作的琉璃匾，黄底蓝字，上书“发鲸”“栖鹭”，书艺精到，琉璃冶造水平高，为琉璃佳作。

三佛面阔三间，进深四椽，单檐悬山。檐下的柱头铺作、补间铺作共计七朵，皆为五铺作，但样式多变，出现了四种铺作样式，或双

↑ 净信寺戏台右侧单檐歇山顶的牌楼式影壁

↓ 净信寺二层攒尖顶的鼓楼

← 净信寺三佛殿明间龙首柱头铺作

← 净信寺三佛殿壁画局部（西壁）

→ 净信寺大雄宝殿的通长绰幕枋

→ 净信寺大雄宝殿壁画局部（西壁）

抄，或双昂。明间的柱头铺作为五铺作双昂，但为了突出耍头上的龙首，将第二个昂头裁成直截式。殿内的弟子塑像极具个性，有较高的艺术价值。殿内东、西、北三面墙壁上有佛传故事壁画，刻画细腻。

大雄宝殿面阔五间，进深六椽，单檐悬山顶，带前廊。檐下铺作为五铺作双昂。殿顶的琉璃构件色彩华丽，制作精美。廊柱间有横跨东西梢间、次间的通长绰幕枋，伸至明间成单拱雀替，简洁别致。大殿墙壁上有明代壁画，表现诸天礼佛的场景，采用工笔画法，色彩绚丽。殿内的护法神塑像双目圆睁，表情夸张。

地藏殿、土地殿、观音殿、文殊殿、普贤殿、娘娘殿虽然是配殿，但殿内的彩塑艺术都值得称道。娘娘殿的九天监生大神头像、双面侍女头像，地藏殿的判官塑像、普贤殿的悬塑、观音殿的观音菩萨手指造型等，都体现出极高的艺术水平。

介休后土庙

位于介休县城西北角

主要看点

+ 三清观影壁在吉祥如意的基调上增加了文化的气息，既富丽堂皇，又不失雅致；
+ 三清楼是明代复合式建筑的典范；
+ 戏台高度达 13 米多，是明代最高的戏台；
+ 戏台两侧的重檐悬山顶八字影壁是现存最早的明代八字影壁；
+ 吕祖阁、关帝庙、土神庙 3 座庙院一字排开，对面是卷棚硬山顶的 3 座戏台相连，这样的戏台形制在我国古建筑中罕见；
+ 后土庙各座建筑的屋顶几乎都有精美的彩色琉璃装饰，璀璨夺目、流光溢彩，犹如一座琉璃博物馆。

后土庙现存建筑中的三清楼为元代建筑，其余为明清建筑。明正德十一年（1516）重修后土庙时，将东面的真武殿和西面的三官祠扩充进来，清雍正八年（1730）新建了土神庙，形成现在的建筑规模，包括三清观、后土庙、真武殿、三官祠、娘娘庙、吕祖阁、关帝庙、土神庙等 8 座道观、庙院，有数十座建筑。

后土庙建筑群在布局上为纵向双轴，有两条中轴线，西侧中轴线依次排列三清观影壁、山门（天王殿）、护法殿、献殿、三清楼、戏楼、后土大殿；东侧中轴线由南至北依次排列后土庙影壁、山门、过殿、子孙娘娘殿。

后土庙的第一座建筑为三清观影壁，始建于明正德年间，清道光年间重新修造。影壁以方石作基座，壁心、壁顶都是精美的琉璃制品。临街一侧的壁心为方形，图案为“二龙戏珠”，画面上的海浪、蛟龙气势磅礴。内侧壁心为圆形，图案是“麒麟闹八宝”，麒麟居于正中，如意、海螺等道教八宝和蝙蝠、绿草、松树、喜鹊“福禄寿喜”环绕在四周，壁身的四角点缀了琴、棋、书、画，使影壁的画面在吉祥如意的基调上又增加了文化的气息。壁顶正脊是装饰精美的龙

→ 后土庙三清观影壁

凤花脊，牡丹、莲花掩映其间，脊刹是孔雀蓝琉璃烧制的仙山楼阁。整座影壁既富丽堂皇，又不失雅致。

三清楼建于明正德十一年（1516），是一座集殿、台、楼为一体的复合建筑，是明代复合式建筑的典范，总高 15.2 米，是后土庙中最高的建筑。三清楼前面是卷棚顶结构的献殿，三清楼与献殿相连。三清楼为二层三檐歇山顶，前出二层三檐十字歇山顶抱厦，一层为三清殿，二层是三面围廊的三清楼，背面为后土庙戏楼。

戏楼与三清楼背靠背而建，相当于三清楼的后抱厦。戏楼为单檐歇山顶（外观上为重檐歇山顶），前出歇山顶抱厦。戏台的屋檐高度要向三清楼的第二层屋檐看齐。戏台高耸，高度达 13 米多，是现存明代戏台中最高的一座。因为背靠三清楼，两侧还有两座重檐悬山顶的八字影壁，高耸的戏台在视觉上倒不显得突兀。三清楼两侧建有十字歇山顶的钟、鼓楼。站在戏台正面，可以看到 7 个屋脊、9 条屋檐、十几个翼角。翼角相连，层层飞檐，如众星捧月，将三清楼烘托得巍峨高大，与对面高大的重檐歇山顶的后土大殿形成呼应。这片建筑的屋顶，均以黄、绿、蓝琉璃饰件装饰，色彩亮丽、庄严肃穆。屋脊上的琉璃楼阁、宝瓶、花朵、瑞兽，把屋顶装扮得美轮美奂。

戏台两侧的重檐悬山顶八字影壁，是现存最早的明代八字影壁。为了与高大的三清楼和戏台在高度上相匹配，这两座八字影壁采用了重檐结构，从而整体升高了八字影壁的高度，砖雕屋檐与木作屋檐相结合，砖雕的一层屋檐翼角上翘，形成美丽的山面。这两座八字影壁紧靠戏台，把戏台上的声音反射到下面的观众区域，设计独到。八字影壁的博风板、悬鱼上是紫色和白色琉璃烧制的“老鼠偷葡萄”场景，左侧为紫葡萄，右侧为白葡萄，葡萄颗粒圆润饱满，十分逼真。

后土大殿坐落于台基上，面阔五间，进深六椽，重檐歇山顶。大殿左右各带三间朵殿，形成了面阔十一间的重檐歇山带廊的大殿。殿顶的筒瓦、脊饰全部使用纯正的黄色琉璃，金碧辉煌、雍容华贵。檐下的雀替木雕精致。

↑ 后土庙戏楼两侧的八字影壁（东侧）

↓ 后土庙戏楼八字影壁东侧博风板上的悬鱼

↑ 后土庙戏楼

↓ 后土庙戏楼屋顶琉璃

↑ 后土庙后土大殿

↓ 后土庙后土大殿屋顶琉璃

后土大殿东面是一个宽阔的大院，院子北面的吕祖阁、关帝庙、土神庙 3 座庙院一字排开，对面是卷棚硬山顶的 3 座戏台相连。这种联三戏台和运城池神庙的戏台形制类似，但略有区别，中间的戏台面阔五间，两边的戏台面阔三间，中间的戏台稍高于两边的戏台。这样的戏台形制在我国古建筑中罕见。

后土庙各座建筑的屋顶，几乎都有精美的彩色琉璃装饰，璀璨夺目、流光溢彩，犹如一座琉璃艺术博物馆。

介休祆神楼

位于介休市顺城关大街东侧

主要看点

+ 中国唯一的祆教建筑；

+ 祆神楼建筑形制特殊，为二层三檐歇山顶的复合楼阁式结构，是山西地区清代复合式建筑的代表；

+ 整座建筑的屋顶覆盖绿、黄、青三色琉璃饰件，参差的飞檐翼角犹如花朵。

保护文化生态　共享文化遗产

祆神楼是中国仅存的祆教建筑。它始建于北宋，清初毁于火灾，康熙十三年（1674）重建，道光十七年（1837）重修。祆教起源于公元前 6 世纪的西亚波斯地区，该教以火为崇拜对象，又称拜火教。祆教自魏晋传入中国，隋唐时期比较流行，宋代以后逐渐衰落。介休遗存的祆神楼，与北朝、隋、唐时期这里居住着大量信奉拜火教的粟特人有关。祆神教在明清时期被朝廷视为异类，明代嘉靖年间，介休县令撤掉了楼内的祆教神像，更换为刘备、关羽、张飞塑像，楼名也改为“三结义庙”。不过，介休当地民众还是习惯称其为祆神楼。

祆神楼的建筑很特殊，为二层三檐（加上平坐共四层屋檐）歇山顶的复合楼阁式建筑。祆神楼是过街楼，平面为“凸”字形，面阔、进深均为三间，高二层，二层出平坐、围廊，东、西、南三面各出一个歇山顶抱厦，平坐以上为重檐歇山顶。过街楼与三结义庙的门楼连体，三结义庙的门楼一层为庙门，二层为乐楼，二层也设平坐，与过街楼的平坐衔接，平坐以上是重檐歇山顶。三结义庙门楼前出二层卷棚歇山顶抱厦为戏台，戏台两侧有八字影壁。祆神楼—三结义庙门楼

← 祆神楼院内的外立面

是清代山西地区复合式建筑的代表。过街楼上二层的3个歇山顶抱厦，使得二层外立面由此打破了单一的直线直角，有了明显的曲线变化，在视觉上十分壮观。整座建筑的屋顶覆盖绿、黄、青三色琉璃饰件，参差的飞檐翼角犹如花朵。

三结义庙为五间六椽带前廊，前檐铺作为五铺作双昂，明间、次间的补间铺作出斜拱。殿内梁架为四椽栿接前后劄牵用三柱，四椽栿采用双重。

在祆神楼和三结义庙的木制斗拱和悬鱼、阑额中，有许多是中国传统古代建筑中根本看不到的图案，如猛虎、牧羊犬、神牛等。把这些动物作为神兽雕刻在庙里，正说明了祆神楼的西亚宗教背景。

← 祆神楼三结义庙门楼斗拱上的神牛头像

→ 祆神楼戏台斗拱上的异兽头像

← 祆神楼戏台阑额出头做成大象头

→ 祆神楼歇山顶悬鱼雕刻成牧羊犬头像

介休太和岩牌楼

位于介休市东北20千米的北辛武村

主要看点

+ 中国古代最精彩的琉璃牌楼；
+ 牌楼上的琉璃饰件内容丰富，图案无一雷同。

↑ 太和岩牌楼全景

牌楼原为北辛武村真武庙前的门前坊，建于清光绪二十三年（1897），为四柱三楼歇山顶琉璃砖石结构。坊高 8.50 米、宽 9.65 米、厚 1.55 米。该牌楼的琉璃颜色主要有蓝、绿、黄三种，尤其是孔雀蓝为其他地方稀见，色彩绚丽、雍容华贵、庄重典雅。牌楼上的琉璃饰件内容丰富，图案无一雷同。4 根柱子通体用孔雀蓝琉璃包砌，柱头、柱底用各种不同的琉璃图案装饰，门楣、牌匾、阑额、普拍枋、斗拱、雀替、屋檐、屋瓦、脊饰、鸱吻等都用琉璃构件。牌楼主楼的铺作为双杪五铺作，次楼铺作为单杪四铺作。主楼与次楼的檐下均有匾额，主楼为“太和岩”，次楼南面为“无上道”“众妙门”，

北面为“除俗障”“契真源”。阑额、普拍枋、拱眼壁都雕有人物、花草。主楼阑额的南侧浮雕为八仙拜寿，寿星居中而坐，八仙分立两侧。牌楼东侧面的图案，下面是一条鲤鱼，上面是一条飞龙——鲤鱼化龙；西侧面的图案是一只老虎蹲在松树下——虎啸山林。据当地流传的说法，当年建造这座牌楼时，在附近搭建琉璃窑，根据设计现场烧制和建造，即牌楼上的每一个构件都是定制。琉璃牌坊在全国留存不多，制作精良的太和岩牌楼尤为珍贵。

← 太和岩牌楼侧观

→ 太和岩牌楼“鲤鱼化龙”琉璃图案

灵石资寿寺

位于灵石县城东10千米的苏溪村西

主要看点

+ 药师殿的天花板制作精美，数十块方格中绘制了数十种药用花卉；
+ 药师殿的两个藻井设计精巧、色彩协调，具有较高的艺术价值，在国内的明代建筑中也是佼佼者；
+ 三大士殿的十八罗汉姿态优美、神情逼真，神态无一雷同，堪称明代彩塑珍品。

资寿寺创建于唐，重修于宋，现存建筑均为明代重修。寺院在建筑布局上分为前、后两院，前院沿中轴线有仪门、山门、天王殿，后院以大雄雷音宝殿为中心，周围有弥陀殿、药师殿、弥勒殿、三大士殿、二郎殿、地藏殿。山门、天王殿的屋顶使用了大量的孔雀蓝琉璃。

大雄雷音宝殿位于后院，是全寺的主殿。大殿面阔三间，进深六椽，单檐悬山顶，前檐设廊，柱头抹角。前檐的普拍枋粗壮，铺作为五铺作双昂。殿内的梁架使用了元代的四椽栿、五椽栿，弯曲明显。殿内有释迦牟尼的 3 身塑像。在殿内东、西两墙绘有大幅壁画，保存完好。画面构图大气，工笔重彩。图中有青山绿水、人物花鸟等。

药师殿面阔三间，进深六椽。铺作第一跳华拱上装饰有小巧的翼形拱，为古建筑中少见。明间的补间铺作出斜拱，使用了漂亮的卷云形状，在栌斗上雕刻图案，也属稀见。殿内的平棊设计精巧，十分精美。在数十块方格中绘制彩色的团形花草图，花朵品种各异，代表不同的中草药，色彩鲜艳、花团锦簇，令人赞叹。殿内正中的藻井，一

↑ 资寿寺山门屋顶使用了大量的孔雀蓝琉璃

↓ 资寿寺药师殿前檐柱头铺作

↑ 资寿寺药师殿平棊

↓ 资寿寺药师殿藻井

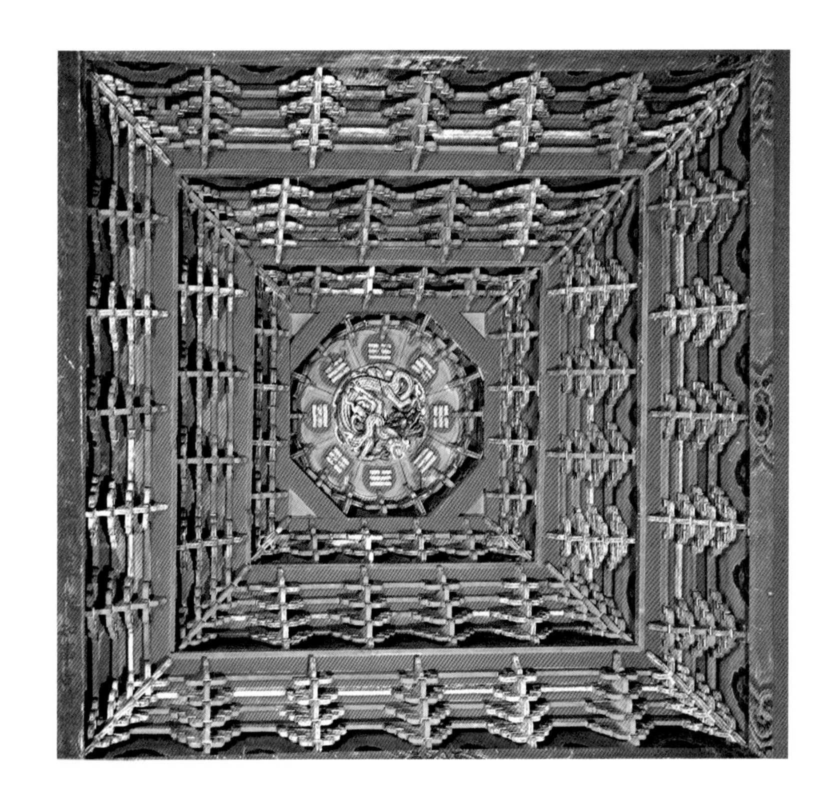

大两小，一方两长。方形的大藻井由 80 组斗拱分 4 层向上叠涩而成，进深一米左右，中间的八卦图形内雕刻鎏金蟠龙；长形的小藻井由 34 组斗拱分两层向上叠涩而成。3 个藻井设计精巧，色彩协调，具有很高的艺术价值。药师殿精美的天花板、藻井，在国内的明代建筑中也是佼佼者。

三大士殿，因殿内塑文殊、普贤、观音三大士像而得名。三大士彩塑周围是十八罗汉彩塑，罗汉姿态优美、神情逼真，有的双手合十沉思，有的怒目喝斥，有的谈笑风生，神态无一雷同，堪称明代彩塑珍品。与明代以前的罗汉塑像相比，三大士殿罗汉身上的衣饰已经较为繁复，标志着明代开始注重表面装饰的趋向。殿内的罗汉头在 1998 年曾被盗卖到海外，后由爱国台商购买捐回寺内。

↓ 资寿寺三大士殿罗汉彩塑局部

山西东南部

Southeast

Shanxi

晋城青莲寺

位于晋城市区东南17千米处的寺南庄北侧硖石山中

主要看点

+ 上寺释迦殿内的劄牵上设驼峰立蜀柱，为古建筑中的首例；
+ 上寺观音阁的十六罗汉塑像具有写实风格，生动传神；
+ 下寺正殿的主佛塑像是国内唯一的唐代彩塑垂足大佛；
+ 下寺正殿内的碑刻上有线刻的《弥勒讲经佛殿图》，是国内罕见的唐朝佛教遗珍。

↑ 青莲寺上寺藏经阁

← 青莲寺上寺藏经阁转角铺作上的角神

→ 青莲寺上寺释迦殿，劄牵前端由驼峰、栌斗承托，劄牵后尾由丁栿尾和栌斗承托

寺院分为上寺和下寺，上寺建于北宋元祐四年（1089），下寺重建于清代。

上寺现有三进院，第一进院中的二层楼阁式藏经阁是宋代建筑。藏经阁两层均面阔五间，上层稍窄。两层的明间、次间为木格扇门窗，梢间为墙体。上层的屋顶为单檐歇山顶，柱头铺作为五铺作单杪单昂，补间铺作相同，4个转角铺作上各端坐一尊角神。

← 青莲寺上寺释迦殿宋代彩塑
（摄影：王俊彦）

二进院为主殿释迦殿以及配殿观音阁、地藏阁。主殿释迦殿为宋代建筑，面阔三间，进深六椽，单檐歇山顶。殿内梁栿间蜀柱与劄牵的结构独特，劄牵前端由驼峰、栌斗承托，劄牵后尾由丁栿尾和栌斗承托，为劄牵尾插蜀柱之雏形。劄牵上设驼峰立蜀柱置栌斗承托平梁，为古建筑中的首例。明间的门框为青石材质，上有元祐四年（1089）题记，门框上雕刻有精美的花卉纹饰。殿内佛坛上有 4 尊宋代彩塑，体型高大，比例和谐，文殊菩萨、普贤菩萨的衣饰刻画十分细腻。

观音阁、地藏阁均为宋代建筑（下层为清代重建），面阔三间，带有前廊，殿内的题记明确记载建于北宋建中靖国元年（1101）。

↑ 青莲寺上寺观音阁十六罗汉塑像之一、之二（供图：杭州大视角文化公司）

观音阁保存有19尊宋代彩塑，地藏阁保存有地藏菩萨等12尊宋代彩塑。观音阁的十六罗汉塑像，姿态各不相同，神情各有区别，栩栩如生。观音阁内的《罗汉碑记》，详细记载了16位住世罗汉和500个普通罗汉的名号，这是国内现存最早的全面记载500罗汉名号的碑刻。

下寺虽然为清代建筑，但正殿佛坛上的6尊彩塑为唐代作品，是国内现存的唐代佛教寺院彩塑群像之一（其他两处在佛光寺和南禅寺）。主佛高达4.2米，肩披袈裟，面容庄严，双腿自然下垂，左手置于膝上，右手掌心朝前半举，无名指弯曲，掌纹清晰可见。这是国内唯一的唐代彩塑倚坐垂足大佛，艺术价值极高。左侧的文殊菩萨、

← 青莲寺下寺正殿的唐代彩塑大佛（摄影：王俊彦）

→ 青莲寺下寺南殿宋代彩塑局部（摄影：王俊彦）

右侧的普贤菩萨均为一腿盘曲、一腿下垂的“游戏”坐姿，姿态自然，衣饰典雅。菩萨的眉毛细长，呈美丽的弧线，鼻子直挺玲珑。两尊菩萨的坐骑狮子、白象从须弥座下探出头来，妙趣横生。

下寺南殿存彩塑 12 尊，佛坛上的佛、菩萨、弟子塑像是宋代作品，更具写实风格，其他塑像为后代所作。殿内的《硖石寺大隋远法师遗迹记》碑刻于唐宝历元年（825），碑首上有线刻的《弥勒讲经佛殿图》，勾勒出佛教中国化的寺院布局，是国内罕见的唐朝佛教遗珍，在我国古代建筑史上有极高的史料价值。

泽州小南村二仙庙

位于泽州县东南村

主要看点

+ 正殿内的“天宫楼阁”，是中国建筑史上已知最早的“天宫楼阁”建筑，是宋代小木作的精品；
+ “天宫楼阁”中的八铺作双杪三下昂，是唐宋时期古建筑中使用铺作数量最多的铺作。

小南村二仙庙，现在中轴线上有乐台、香亭与正殿。正殿是宋代建筑，殿内有崇宁五年（1106）的题记。其余建筑为明清补建。正殿面阔三间，进深四椽，单檐歇山顶。檐下阑额不出头，普拍枋出头。前檐铺作为五铺作单杪单昂，第一跳计心，昂形耍头。

殿内的神龛平面呈“凹”字形，由两座主龛、两座侧龛及连接两座侧龛的跨空拱形廊桥 5 部分构成。侧龛位于主龛前面，由两侧对称的二层单开间楼阁与跨空拱形廊桥组成。侧龛楼阁平面四柱歇山顶，二层出平坐，平坐上的殿宇施双杪三下昂的八铺作斗拱。拱形廊桥连接两侧的一层屋脊，桥面设勾栏，两端与两侧龛的平坐勾栏相接。桥上设有游廊，居中凸起建歇山顶殿宇一座，这座殿宇位置最高，也使用了双杪三下昂的八铺作斗拱。这样，形成“桥上庙，庙上桥”的“天宫楼阁”效果。“天宫楼阁”中的八铺作双杪三下昂，是唐宋时期古建筑中使用铺作数量最多的铺作。该建筑是宋代小木作的精品，是中国建筑史上已知最早的“天宫楼阁”建筑。

殿内的彩塑大部分为宋代作品，线条流畅，宋韵明显，与太原晋祠圣母殿的彩塑风格接近。

← 二仙庙正殿内的“天宫楼阁”

→ 二仙庙“天宫楼阁”局部

↓ 二仙庙正殿“天宫楼阁”中的八铺作斗拱

泽州玉皇庙

位于泽州县府城村北

主要看点

+ 成汤殿石柱上的坐斗为直径与柱子一致的圆形大坐斗；

+ 玉皇殿廊下两侧各有一幅大型壁画，线条流畅、用笔细腻；

+ 二十八宿殿有元代彩塑二十八宿，是古代雕塑艺术家把现实主义与浪漫主义完美结合的范例，为元代彩塑之冠。

庙宇坐北朝南，建筑布局为三进院落，现存主要建筑有成汤殿、玉皇殿、二十八宿殿、十二辰殿等。玉皇殿、成汤殿都建于金代，后院左、右朵殿和东、西配庑建于元至元元年（1335）。

成汤殿供奉着商王成汤，面阔三间，进深四椽，单檐悬山顶。前檐铺作为四铺作单昂。补间铺作形制特殊，装饰性极强，应该是明清时期维修时所为。大殿梁架四椽栿上立蜀柱、置栌斗，承平梁，劄牵紧贴着四椽栿穿过蜀柱出合楷，和陵川龙岩寺金代过殿的风格一致。成汤殿的整体建筑保留着金代的风格，元代重修的痕迹明显（殿内使用不规整的粗大四椽栿）。也许是为了与粗大的石内柱相匹配，石柱上的坐斗为与柱子直径一致的圆形大坐斗，比较少见。根据大殿内东侧石柱上的题记，殿内后排两根石柱上雕刻的龙是元至正十六年（1356）在旧有石柱上所为，佐证了该殿建于金代。殿内有制作精美的二层神龛。

玉皇殿居于后院，面阔三间，进深六椽，单檐悬山顶。前檐带廊，廊柱的柱础为覆莲，前檐铺作为四铺作单昂。整体建筑结构严谨，保留着金代的风格。

玉皇殿内的彩塑是宋金时期的作品，正中的主像为玉皇大帝，两侧的塑像除少数宰辅大臣外，其余皆为侍女，现保存有 50 多尊。玉皇殿廊下两侧各有一幅大型壁画，线条流畅、用笔细腻，当为金元时期的作品。

二十八宿殿建于元代，是供奉二十八星神的殿堂。我国古代为了观测日月星辰的运行，将赤道附近的星座分成东南西北四方各 7 组，称作二十八宿。唐初的五行学家袁天罡将二十八宿的每一宿按木、金、土、日、月、火、水的顺序与一种动物相配，创造出了二十八星宿神。殿内的二十八星宿塑像，既有写实性，又充分发挥浪漫的想象力，塑造出了 28 尊性别、年龄、表情、姿态各不相同的群仙形象。雕塑家把与星宿相配的动物作为星神手中的道具，塑造出生动传神的艺术形象。二十八星宿塑像中，带“水”字和“金”

→ 玉皇庙玉皇殿廊下的壁画（西侧）

← 玉皇庙二十八星宿塑像·虚日鼠

→ 玉皇庙二十八星宿塑像·亢金龙

← 玉皇庙二十八星宿塑像·娄金狗

→ 玉皇庙二十八星宿塑像·室火猪

字的基本上是女性形象，神态娴静，尽显女性的温柔，如箕水豹、轸水蚓、参水猿、娄金狗和鬼金羊等。28 尊塑像，每尊都惟妙惟肖，或慈祥，或威猛，或沉稳，或张扬。可以看出，当时的雕塑家特别善于捕捉人物的瞬间神情，把每尊神仙最传神的瞬间定格，展示了极高的艺术造诣。

泽州府城关帝庙

位于泽州县府城村

主要看点

+ 关帝殿的石雕龙、木雕龙达到数十条，精美的雕刻彰显关帝的尊贵；

+ 三义殿的石雕人物故事雕刻细腻、技艺精湛；

+ 三义殿檐下的木雕作品也是雕工一流的精品。

↑ 关帝庙关帝殿

↓ 关帝庙关帝殿的石柱石雕

府城关帝庙创建于明崇祯六年（1633），坐落于府城村村东。现存主要建筑有山门、戏台、关帝殿、三义殿、钟鼓楼、僧楼等。

关帝殿面阔三间，进深八椽，单檐悬山顶。前檐带廊，前檐柱头铺作为五铺作双昂，补间铺作出斜拱。前廊立 4 根石柱，每根石柱上都用高浮雕手法雕刻两条飞龙，龙的头、身、爪、尾、鳞片雕刻细腻，龙身上雕刻脚踏祥云的神仙。大殿的雀替、门楣、殿内的房梁上也木雕许多龙。这些石雕、木雕的龙，威猛生动，立体感很强，呼之欲出。

三义殿面阔三间，进深六椽，单檐歇山顶。前檐带廊，前檐柱头铺作为五铺作双昂，补间铺作出斜拱。从东往西，第一根石柱上雕刻的是“郭子仪庆寿”的场景：郭子仪端坐堂上，享受着儿女们的敬拜。画面上的官员、女眷、士兵、家丁、童子、乐手等，姿态各异、栩栩如生。第二根石柱上的内容是隋唐演义故事：从下到上，立于城墙内的人物分别有手持板斧的瓦岗寨寨主程咬金、惯用撒手锏的秦琼、手拿梅花枪的罗成。第三根石柱上的内容是封神演义故事：有正在钓鱼的姜太公、踏着风火轮的哪吒、凌空展翅的雷震子、游走地下的土行孙等。第四根柱子上雕刻着盛唐时期山东寿张县百岁老人张公艺九世同堂和治家有方的故事。檐下的木雕作品也是雕工一流的精品。

← 关帝庙三义殿的石柱石雕·郭子仪庆寿

→ 关帝庙三结义殿的石柱石雕·隋唐演义故事

泽州高都玉皇庙

位于泽州县高都镇中心

主要看点

+ 东朵殿前廊的乳栿为精致的月梁造，这在晋东南地区的宋、金建筑中少见；

+ 东朵殿檐下有 4 根石柱，四棱抹角，石柱上的雕刻是金代石雕的佳作。

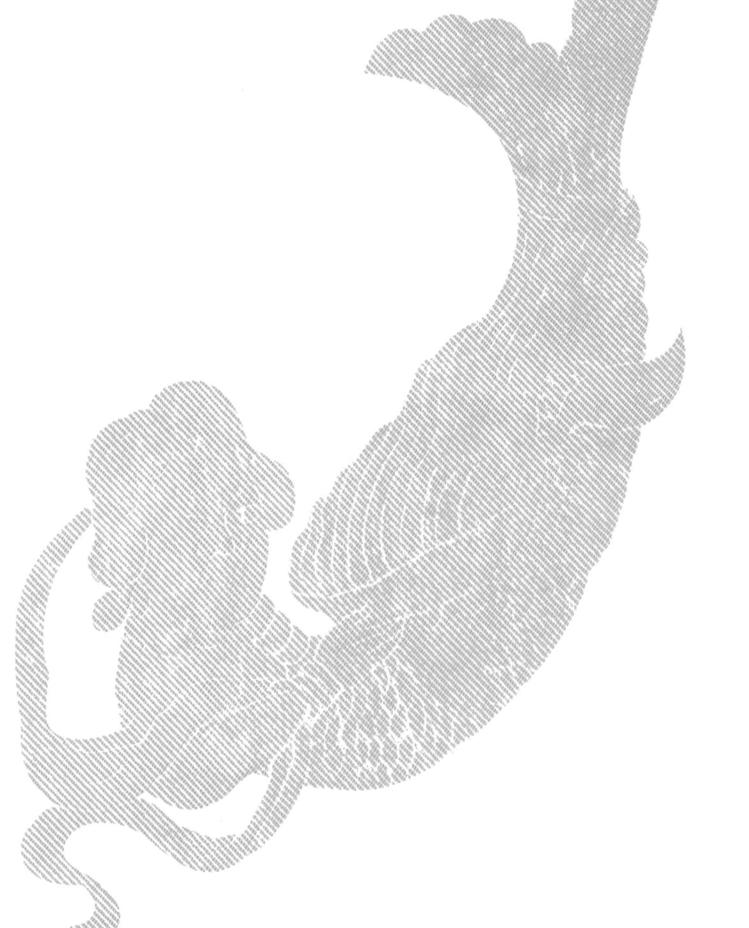

→ 玉皇庙东朵殿前廊的乳栿

玉皇庙现存的建筑大部分是清代重建的，东、西朵殿是金代遗构。东朵殿的柱头有承安四年（1199）题记，石门框上有泰和八年（1208）题记。东朵殿面阔三间，进深四椽，单檐悬山顶，前檐带廊。前檐柱头铺作为四铺作单昂，补间铺作一朵，昂下的华头子分为两瓣，耍头为昂形，铺作有宋代风格。乳栿伸出檐外成为柱头铺作的耍头。乳栿为精致的月梁造，这在晋东南地区的宋、金建筑中少见。乳栿上立蜀柱，合楷为驼峰形状，与泽州岱庙天齐殿的结构一致。殿内的三椽栿上立蜀柱，劄牵紧贴三椽栿穿过蜀柱出合楷，与陵川龙岩寺过殿的做法一致。檐下有4根石柱，四棱抹角，石柱上的雕刻是金代石雕的佳作。石柱上以线刻手法雕刻化生童子以及龙、凤、花草，线条流畅、图案精美，其中的美人鱼石雕是世界上最早的美人鱼形象。

← 玉皇庙东朵殿金代石雕·美人鱼

→ 玉皇庙东朵殿金代石雕·化生童子

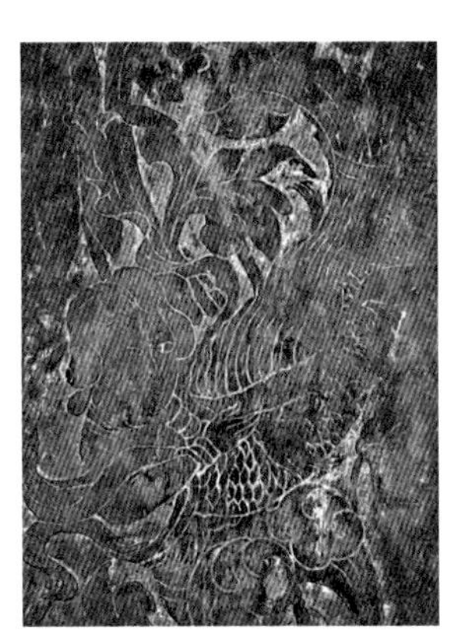

泽州岱庙

位于晋城市郊区南村镇冶底村

主要看点

+ 别致的舞楼；
+ 正殿天齐殿为宋代遗构，金代重修时增添了石刻门框；
+ 宽大的青石柱础边长接近 1.3 米，颇为罕见；
+ 天齐殿神台束腰处排列 27 幅砖雕画，雕刻精美；
+ 殿内的木雕神龛图案丰富，婉丽灵动。

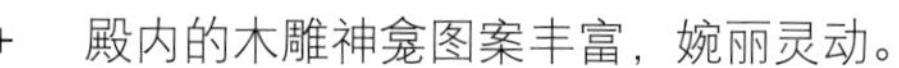

泽州岱庙是除泰山岱庙以外的唯一一座岱庙，是奉祀泰山神东岳大帝的庙宇。泽州岱庙始建时间不详，正殿天齐殿为宋代建筑。现存建筑沿中轴线从南往北，依次为山门、鱼沼、竹圃、舞楼、天齐殿。两侧设有碧霞元君殿、土地殿、五谷神殿、虫王爷殿、牛王殿、龙王殿、速报司神祠、关圣帝殿等。

山门之后有鱼沼、竹圃。再往前为舞楼，始建于金代，明万历年间重修。舞楼在天齐殿之前，为十字歇山顶的亭式建筑，下临竹圃、鱼沼。舞楼四角立柱，穹顶是八卦形木构架藻井。

根据正殿天齐殿石柱上的题记，正殿于北宋元丰三年（1080）重建。正殿建在高台之上，面阔三间，进深六椽，单檐歇山顶。前檐带廊，檐下 4 根方形抹角石柱和方形覆莲柱础为宋代遗物，柱础的边长近 1.3 米，颇为罕见。覆莲柱础雕双层覆莲，莲瓣肥大，层次分明，叶片端部微翘。宽大的柱础增加了大殿的稳定感。柱间有额枋，普拍枋出头。檐下铺作为四铺作单昂。殿内梁架为宋代遗构，为四椽栿前压乳栿，通檐用三柱，减去后排的柱子。殿内的丁栿制成月梁式，为

← 岱庙天齐殿覆莲柱础

→ 岱庙天齐殿

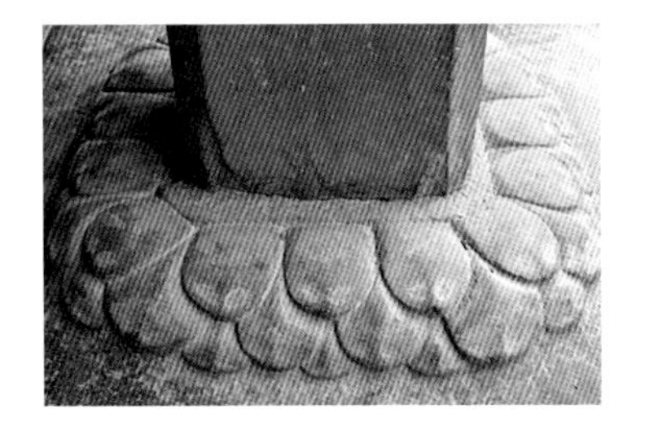

晋东南地区早期月梁的实物例证。金代重修时，增添了石刻门框及角石上的狮子，门框上采用浅浮雕与线刻两种手法雕刻龙、狮、荷花、牡丹、童子等图案，刻工精湛、线条流畅、形象逼真。角石上的狮子为圆雕手法，雌狮怀中的幼狮做嬉戏状，雄狮戏绣球，形象生动。

殿内遗存砖砌神台、木雕神龛，为明清时期作品，艺术价值较高。神台为须弥式，砖雕共有7层，上面3层雕刻仰莲、荷花、牡丹，下面3层雕刻卷草纹、覆莲、卷叶纹，中间束腰部分的画面由间柱分隔成27幅。每幅砖雕都有不同的主题，如“龙凤呈祥”“天马行空”等，雕刻生动。经过数百年时间，这些精美的砖雕圆润发亮，有了石雕作品的效果。

木雕神龛架在神台之上，上至梁架，宽达三间，形制高大。神龛分为左、中、右3组，中龛最宽。木雕神龛由花罩、隔扇两部分组成，每组花罩又被4组垂莲柱隔为3部分。最上层是一条横向连贯的花枝；中层由6个圆形花板、6个条形花板组合而成，雕刻有松、竹、梅、菊、仙鹤、喜鹊等图案；下层有内、外两层，内层是6块长方形大花板，犹如窗棂，外层是垂莲柱，横向的花枝将几组垂莲柱连接起来，婉丽空灵。3座神龛共使用了6块隔扇，采用浅浮雕工艺，在隔扇上雕刻夔龙、麒麟图案和喜、寿等文字，雕刻精细、造型生动，是神龛上木雕最精彩的部分。天齐殿的石刻门框、神台砖雕、神龛木雕被誉为“镇庙三宝”。天齐殿是一座集宋、金、明数代风格于一体的古建筑艺术殿堂。

↑ 岱庙天齐殿神台砖雕局部

↓ 岱庙天齐殿神台束腰处的砖雕局部

↓ 岱庙天齐殿神龛上的木雕局部

阳城海会寺双塔

位于阳城县城东15千米的北留镇大桥村

主要看点

+ 较大的一座塔是明代琉璃塔，该塔造型奇特，下部3层围成八角城垛式，第十层支出平坐，围以琉璃栏杆，成为高塔中的一层空中楼阁；

+ 塔上局部使用琉璃，增加了视觉上的层次感。

← 海会寺双塔

海会寺创建于唐代，古称龙泉禅院，后经历代重修，现在沿中轴线有山门、天王殿、药师殿、毗卢阁、月台、大雄殿。

寺中的塔院有高塔两座。

较小的一座塔是五代时期的砖塔，塔外壁遍布规则的小龛，因为地底下沉，塔身向西北微倾。塔外壁的小龛是佛龛，原来嵌满坐佛，所以该塔又称“千佛塔”。塔为六角十级，高 20 余米，塔身交叉辟有门洞。塔的一层为穹窿式拱顶，二层却改为空筒式结构，站在二层就能看到塔的顶部构造。

较大的一座塔是明代舍利塔，八角十三级，高约 57 米。因为五代时期的砖塔发生倾斜，明代在其旁边修建了这座高大的塔。该塔造型奇特，下部 3 层围成八角城垛式，第十层支出平坐，上置檐柱，并围以琉璃栏杆，成为高塔中的一层空中楼阁。每面分 3 间，共 24 间。平坐上的檐柱、栏板、雀替等构件，全部采用彩色琉璃制作，色彩斑斓。明代舍利塔的每层各面均仿照宋塔设置佛龛，并局部使用琉璃，增加视觉上的层次感。该塔是北方地区罕见的楼阁式琉璃塔。

→ 海会寺双塔·明代舍利塔空中楼阁

陵川崇安寺

位于陵川县崇文镇西北的卧龙岗之上

主要看点

+ 崇安寺山门是现存古建筑中稀见的二层三檐楼阁式山门；
+ 山门第一层铺作的耍头雕有龙头、象鼻、莲花，生动有趣；
+ 山门前台基之上，左右各有一组九龙壁，在国内的县城古建筑中极少见到。

↑ 崇安寺三檐楼阁式山门

↓ 崇安寺山门前檐铺作

崇安寺中轴线上现存的建筑为山门、当央殿、大雄宝殿。山门又称古陵楼，面阔五间，进深六椽，二层三檐歇山顶，为楼阁式山门，是现存古建筑中稀见的三檐楼阁式山门。一层四周围廊，二层四周有檐廊。古陵楼重修于明万历四十一年（1613），重修时还沿用了北宋嘉祐六年（1061）的石门框。檐下铺作，从下往上，第一层为四铺作单昂，第二、三层为五铺作双昂。第一层铺作的耍头雕有龙头、象鼻、莲花，生动有趣，为典型的明代风格。与一般楼阁平坐用雁翅板将平坐斗拱的耍头、衬方头等遮挡以防风雨不同，古陵楼平坐的耍头伸出，在耍头上盖一琉璃兽面筒瓦以作防护，具有别致的装饰效果。

山门前台基之上，左右各有一组九龙壁，是北京、大同之外的第四处九龙壁，在国内的县城古建筑中极少见到。

山门东边的钟楼悬挂一铁钟，铸造于北宋崇宁元年（1102），是寺内现存历史最久的物件。铁钟高 1.98 米、口径 1.64 米，上面铸有铭文和界格、图案。

在寺内后院西边，有一座构造精巧的二层三檐的方形小楼，俗称插花楼。其外观和山门古陵楼一样，具有早期古建筑的风韵，很可能借鉴了西溪二仙庙梳妆楼的建筑风格。

← 崇安寺山门第一层铺作的耍头雕有龙头、象鼻、莲花

→ 崇安寺二层三檐的插花楼

陵川西溪二仙庙

位于陵川县崇文镇西溪村

主要看点

+ 后殿、东梳妆楼为金代遗构；
+ 东梳妆楼一层副阶周匝檐下的转角铺作较为特殊；
+ 东梳妆楼是金代楼阁式建筑中的佳作。

西溪二仙庙又称真泽宫，创建于唐代，宋崇宁年间加封“真泽宫”，金皇统二年（1142）扩建，后历代皆有修葺。中轴线上依次有山门、拜亭、前殿、后殿，前殿至后殿之间的东西两侧建梳妆楼。现存的后殿、东梳妆楼为金代遗构，余皆明清所建。金代文学家元好问曾在此留下七言绝句：“期岁之间一再来，青山无恙画屏开。出门依旧黄尘道，啼杀金衣唤不回。”

前殿内有 3 座木雕神龛，正龛五间，东龛、西龛各三间。正龛的中间三间在中柱又设一道龛门，构成内外双龛，内龛的两根柱子上雕刻栩栩如生的蟠龙，檐部有 4 根垂柱；外龛檐部又分为里外两层，在正龛中间形成高低错落的 3 层檐部构件。内龛 2 根柱子上的蟠龙为升龙，外龛 2 根垂莲柱上的蟠龙为降龙，内外呼应。大量的垂莲柱和镂空的窗花使木雕神龛充满灵动之韵。3 座神龛制作精美，是清代的小木作精品。

后殿建于高台之上，面阔三间，进深六椽，单檐歇山顶。前檐铺作为五铺作双昂。后殿的梁架主体和铺作为金代遗构。屋顶上饰有琉璃脊兽，琉璃构件为明代作品，做工精细。

← 二仙庙前殿神龛木雕局部

← 二仙庙东梳妆楼，一层副阶周匝檐下转角铺作

→ 二仙庙东梳妆楼平坐铺作、上檐铺作

东、西梳妆楼是二仙庙中最具代表性的建筑物，建于中殿与后殿的东西两侧，均为两层三檐歇山顶楼阁式建筑。东梳妆楼面阔三间，进深六椽，副阶周匝，平面呈方形。一层副阶周匝檐下的转角铺作较为特殊，栌斗之上，一侧是柱头枋出头作华拱，另一侧是枋上隐刻作泥道拱，这种形制在古建筑中少见。第二层出平坐，四周有檐廊带勾栏。按照《营造法式》的规定，平坐之下的铺作应该比上檐的铺作减少一跳或两跳，东梳妆楼却与之相反，上檐铺作为简洁的四铺作单杪，平坐之下为五铺作双杪。东梳妆楼造型优美，是金代楼阁式建筑中的佳作。西梳妆楼虽经民国年间重修，但基本保留了金代楼阁建筑的形制。

陵川龙岩寺

位于陵川县礼义镇梁泉村

主要看点

+ 过殿屋脊上的琉璃装饰是罕见的十八罗汉；
+ 殿内梁架在四椽栿上首开合楷、劄牵一体化手法的先例；
+ 后殿廊下的金代《尚书礼部牒》，是金代官府牒文的原样复制品，具有较高的书法艺术价值和史料价值。

→ 龙岩寺过殿

↑ 龙岩寺过殿梁架劄牵紧贴着四椽栿穿过蜀柱出合楷

↓ 龙岩寺后殿廊下《尚书礼部牒》碑刻

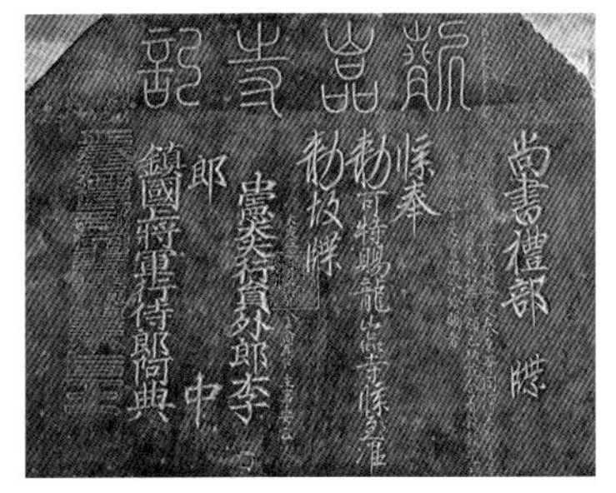

过殿建于金天会七年（1129）。殿前有月台，面阔三间，进深六椽，单檐歇山顶。屋脊上的琉璃装饰是罕见的十八罗汉，左右各 9 个，每组两边的罗汉都是直立的罗汉，中间的 7 个罗汉扎马步。前檐柱头铺作为五铺作单杪单昂，昂下隐刻华头子。明间的补间铺作 2 朵，两次间的补间铺作 1 朵。补间铺作的下昂为假昂 ，将第二跳的华拱头削成昂状。转角铺作的下昂为真昂，昂下有华头子，在第二跳角华拱上出跳抹角拱。殿内采用减柱造，只有后槽的两根金柱。梁架为四椽栿后压乳栿用三柱，梁架上的彩绘淡雅别致。殿内梁架在四椽栿上首开合楷、劄牵一体化手法的先例，四椽栿上立蜀柱置栌斗承平梁，劄牵紧贴着四椽栿穿过蜀柱出合楷，以增强蜀柱的稳定性，不再设托脚。此后，这种以合楷稳固蜀柱的方法成为大趋势。

后殿面阔五间，进深六椽，单檐悬山顶。带前廊，廊下有 4 根石柱，雀替为漂亮的木雕。后殿廊下存有两通完好的金代碑刻，记录了该寺的历史沿革，其中的金代《尚书礼部牒》，是金代官府牒文的原样复制，以草、篆、隶、楷、行等多种字体镌刻，书写流畅，刻工精湛，具有较高的书法艺术价值和史料价值。

陵川南吉祥寺

位于陵川县礼义镇平川村

主要看点

+ 中殿是国内现存古建筑中最早使用 45° 斜拱的实例；
+ 中殿殿内外的铺作硕大，殿内共出 9 朵斜拱，古建中罕见；
+ 中殿梁架，六椽栿上立蜀柱直接支撑平梁，这是古建筑中的首例。

→ 南吉祥寺中殿

← 南吉祥寺中殿前檐柱头铺作

→ 南吉祥寺中殿明间的补间铺作

寺院创建于唐初，北宋天圣八年（1030）移建于此。寺内的中殿为宋代建筑，面阔三间，进深六椽，单檐歇山顶，出檐深远。前檐柱头铺作五铺作单杪单昂，昂下有华头子；补间铺作为五铺作双杪，出 45° 斜拱，当心间的斜拱最大。该殿是国内现存古建筑中最早使用 45° 斜拱的实例。殿内外的铺作硕大，斜拱华丽，殿内共出 9 朵斜拱，古建筑中罕见。殿内的梁架为六椽栿通檐用两柱，六椽栿上有蜀柱（两侧无合楷）直接支撑平梁，这是古建筑中的首例。

↑ 南吉祥寺中殿六椽栿上立蜀柱直接支撑平梁，这是古建筑中的首例

↓ 南吉祥寺中殿殿内共出9朵斜拱

高平崇明寺

位于高平市东南15千米的圣佛山东麓

主要看点

+ 中佛殿出檐深远，超过了五代时期的同类建筑，在风格上具有十足的唐代遗韵；
+ 中佛殿是山西现存宋代建筑中唯一采用七铺作双杪双昂的建筑；
+ 铺作上的耍头为蚂蚱头形，开此类形制之先河；
+ 中佛殿的第二层主梁由两根三椽栿对接，形成“断梁”，充分发挥了铺作对屋顶的托举作用。

↑ 崇明寺中佛殿

↓ 崇明寺中佛殿前檐柱头铺作

寺院坐北朝南，创建于北宋开宝元年（968），现存建筑有山门，中佛殿，后殿，钟、鼓楼及东、西配殿，两庑等。

中佛殿面阔三间，进深六椽，单檐歇山顶。柱头间有阑额，阑额至角柱不出头，没有普拍枋。前檐柱头铺作为七铺作双杪双昂，补间铺作为五铺作双杪偷心造，下部无栌斗和直斗，与五台山佛光寺东大

→ 崇明寺中佛殿梁架上的断梁

殿的补间铺作一致。中佛殿是山西现存宋代建筑中唯一采用七铺作双杪双昂的建筑，出檐深远，超过了五代时期的同类建筑。铺作硕大，拱端卷杀，铺作与柱身的比例为 2∶1，唐构遗风明显。铺作上的耍头为蚂蚱头形，开此类形制之先河。殿内的梁架采用两层主梁，第二层主梁由两根三椽栿对接，形成“断梁”，搭在前后柱头铺作的后尾，将重力平衡到前、后檐柱之上；角梁交汇于“断梁”对接处，山面的丁栿搭于下层主梁之上，充分发挥了前、后檐铺作，山面铺作，转角铺作对屋顶的托举作用，具有很高的建筑艺术价值。两根“断梁”之上立蜀柱置栌斗及实拍拱承平梁，蜀柱两侧无合楂，与天台庵的风格近似。平梁交栌斗出头，托脚斜撑平梁端部。用断梁支撑殿顶，古建筑中罕见。上下四椽栿之间的结构采用“上梁压昂”的做法，与平遥镇国寺万佛殿的结构一致。用断梁支撑殿顶，十分罕见。作为一座面阔三间的建筑，使用了七铺作斗拱，出檐深远，超过了五代时期的同类建筑，在风格上具有十足的唐代遗韵。

高平游仙寺

位于高平市南10千米的游仙山麓

主要看点

+ 前殿前檐柱头铺作为单杪单下昂偷心造，昂为批竹式，耍头为批竹昂式，与昂的形制几乎完全相同，昂形耍头形制在山西宋代建筑中是首例；

+ 前殿殿内梁架为四椽栿后压乳栿用三柱，开此类梁架结构之先河；

+ 前殿平梁上的斜撑与脊部的襻间枋形成梯形柁架，形态美观，是晋东南宋金建筑中的个例。

↑ 游仙寺前殿

↓ 游仙寺前殿前檐柱头铺作

游仙寺因山而得名，创建于北宋，金、元、明、清屡有增修。游仙寺规模宏大，三进院落，中轴线建筑依次为山门（春秋楼）、前殿（毗卢殿）、中殿（三佛殿）和后殿（七佛殿）。

现存前殿是北宋淳化元年（990）所建，面阔三间，进深六椽，单檐歇山顶。前檐柱头铺作为单杪单下昂偷心造，昂为批竹式，耍头为批竹昂式，与昂的形制几乎完全相同，昂形耍头形制在山西其他宋代建筑中虽有所见，但在时间上要晚100多年。补间铺作为五铺作双杪偷心造。殿内梁架为四椽栿后压乳栿用三柱（减去前排的柱子），开此类梁架结构之先河。四椽栿压乳栿的做法，与四椽栿对乳栿相比较，增大了两者的接触面积，也增加了稳定性。殿内东、西两次间的丁栿是把一个自然弯形圆材一分为二制成，比较少见。

晋东南地区的宋金木结构建筑，由于平面长宽比例接近方形，四椽栿与平梁之间一般由蜀柱隔承，但游仙寺前殿的四椽栿上设驼峰承栌斗，栌斗交承平梁头，以驼峰承栌斗作为梁栿间的隔承构件。在平梁之上，于中部设栌斗承蜀柱，该栌斗向明间出跳的拱承一斜撑，斜撑之上承交互斗，交互斗咬承。蜀柱之上设斗拱、丁华抹颏拱及叉手。平梁上的斜撑是由承垫蜀柱的出跳拱承托的，斜撑上端隔垫交互斗斜戗襻间枋，斜撑与脊部襻间枋形成梯形柁架，形态美观，是晋东南地区宋金建筑实物中的特例，也是山西地区宋金建筑实物中的首例。

三佛殿（中殿）为金代建筑，面阔五间，进深六椽，单檐悬山顶。前檐插廊，4 根抹角石柱，柱础的石雕精美。阑额窄小，普拍枋粗厚。前檐柱头及补间铺作均为五铺作单杪单昂，铺作硕大。

↑ 游仙寺前殿西次间的丁栿

↓ 游仙寺前殿四椽栿后压乳栿

← 游仙寺前殿平梁上的斜撑与脊部的襻间枋形成梯形柁架

高平南赵庄二仙庙

位于高平市南赵庄村东北

主要看点

+ 大殿为现存最早的北宋木构建筑；
+ 大殿梁栿间设驼峰隔承，驼峰之上设小瓜柱，是“梁栿驼峰蜀柱式”的最早实例；
+ 大殿斗拱的拱端卷杀，分瓣内凹，与五台南禅寺大佛殿、平顺龙门寺西配殿、平顺大云院弥陀殿、平遥镇国寺万佛殿的风格相同，反映了唐、五代、宋初山西地区木构建筑的传承关系。

庙宇坐北朝南，大殿两侧为配殿。庙内现存的最早碑刻《重修真泽庙记》记载该庙始建于北宋乾德五年（967），大殿平梁以下构件及铺作为宋代遗构，是国内现存最早的北宋木构建筑。

大殿面阔五间，进深六椽，单檐歇山顶，四周带廊（后檐廊部不存，系近年所为）。檐下无普拍枋，铺作硕大，直接置于柱头之上。前檐柱头铺作为五铺作双杪，耍头为短促的下昂形。柱头铺作、转角铺作的做法，继承了五台南禅寺大佛殿铺作的形式。斗拱的拱端卷杀，分瓣内凹，与五台南禅寺大佛殿、平顺龙门寺西配殿、平顺大云院弥陀殿、平遥镇国寺万佛殿的风格相同，反映了唐、五代、宋初山西地区木构建筑的传承关系，对研究我国唐宋建筑史具有重要意义。梁架结构为四椽栿前后双劄牵用四柱。梁栿间设驼峰隔承，驼峰之上设小瓜柱，是“梁栿驼峰蜀柱式”的最早实例。

← 二仙庙大殿转角铺作

↑ 二仙庙大殿

↓ 二仙庙大殿梁架结构

高平开化寺

位于高平市东北17千米的舍利山

主要看点

+ 大雄宝殿内梁架、斗拱上的彩绘尚存，有古钱纹、牡丹等图案，是我国古建筑中罕见的宋代彩绘；
+ 殿内三面墙壁满绘壁画，是国内现存的面积最大的北宋寺观壁画精品；
+ 壁画人物众多、情节连续、色彩丰富，被誉为“墙壁上的清明上河图”。

↑ 开化寺大雄宝殿

↓ 开化寺大雄宝殿拱眼壁上的宋代彩绘

大雄宝殿始建于北宋熙宁六年（1073），到绍圣三年（1096）殿内的壁画完成，共历时 24 年。大殿面阔三间，进深六椽，单檐歇山顶。檐柱上刻有“宋熙宁六年”题记，为建筑的确切年代。前檐柱头铺作为五铺作单杪单昂，昂与耍头都是锐利的批竹式，铺作硕大，颇具气势。殿内的梁架结构为四椽栿后压乳栿通檐用三柱，减去前排的柱子。

殿内梁架、斗拱上的彩绘尚存，有古钱纹、牡丹等图案，是我国古建筑中罕见的宋代彩绘。

殿内三面墙壁满绘壁画，共88平方米，壁画上有画工的榜题，明确壁画是绍圣三年的作品。壁画分布在东、西两壁和北壁的东、西两个次间，从西壁南端开始到北壁西次间结束，为《大方便佛报恩经变》内容。画面采用叙事式布局，分为61个场面，人物众多、情节连续、色彩丰富，画面上除了佛、菩萨、金刚外，还有渔翁、农夫、织女等各色人等，亭、台、楼、阁等建筑，山、水、林、木等景物，船只、织布机等工具，犹如一幅渐次展开的北宋社会生活画卷，被誉为"墙壁上的清明上河图"。壁画的题材几乎涵盖了中国传统绘画的所有画科。绘画的技法借鉴了宋以前的名画，如《牛舐眼疾》场景，画面中的五头牛，从形态到线条，都有唐代韩滉《五牛图》的风格。壁画中的不少部位采用了沥粉贴金的方式，使得近千年前的壁画依然灿烂，是国内现存的面积最大的北宋寺观壁画精品。

↓ 开化寺大雄宝殿壁画局部之一、之二（供图：杭州大视角文化公司）

↑ 开化寺大雄宝殿壁画局部之三

（供图：杭州大视角文化公司）

高平二郎庙戏台

位于高平市寺庄镇王报村

主要看点

+ 二郎庙戏台是我国目前发现最早的古代戏台，距今 840 年，为研究中国的戏剧发展史提供了实物资料；
+ 戏台歇山顶的山花面向观众，具有聚焦观众视线的作用；
+ 戏台的结构简洁，所有铺作的后尾挑于平榑、平梁下。

↑ 二郎庙戏台在柱头上设交叉的绰幕枋用以承重，大额枋交叉伸出柱外

↓ 二郎庙戏台的结构简洁，所有铺作的后尾挑于平槫、平梁下

二郎庙现存金、明、清数代建筑，有戏台，献殿，正殿，东、西朵殿，廊房等。戏台为金代遗构，其余均为明清遗构。

戏台面阔一间，进深四椽，单檐歇山顶。山花面向观众。歇山顶建筑的山花一般都在屋顶的侧立面，该戏台把山花放在正面，具有聚焦观众视线的作用，在设计上别具匠心。戏台建于高 1.1 米的台基上，平面为正方形，宽、深各 5 米，保留舞亭的形制。台身立 4 柱，柱、础通高 3.13 米，木柱收分、侧脚明显，翼角飞起。檐下设大额枋，柱头不设大斗，在柱头上设交叉的绰幕枋用以承重，大额枋交叉伸出柱外。柱头上有转角铺作，每面补间各有 2 朵铺作。铺作为四铺作单昂，琴面昂，耍头也作昂形。戏台的结构简洁，所有铺作的后尾挑于平槫、平梁下，在柱头以上形成三层方形框架，充分发挥铺作的承托作用，托举屋顶。在戏台正面右下方的一块束腰石上有题记：“时大定二十三年岁次癸卯仲秋十有五日，石匠赵显、赵志刊。”这座戏台是我国目前发现的最早的古代戏台，为研究中国的戏剧发展史提供了实物资料。

↓ 二郎庙戏台

长治观音堂

位于长治市区西北的梁家庄村东

主要看点

+ 为了充分利用观音殿内的空间，巧妙地利用大梁和平梁之间的高差，塑造出金碧辉煌的楼阁；
+ 观音殿的悬塑作品人物众多，刻画细腻，是明代悬塑中的精品。

↓ 观音堂观音殿观音塑像及背后的悬塑（供图：杭州大视角文化公司）

观音堂建于明万历十年（1582），现存建筑有天王殿，观音殿，南、北配殿，钟、鼓楼等。观音殿是寺内的正殿，为明代原构，其余建筑为清代所建。

观音殿面阔三间，进深四椽，单檐悬山顶，前檐出卷棚抱厦。殿内的主像为观音、文殊、普贤三大士，周围有十八罗汉环绕。罗汉塑像不同于一般寺庙中的罗汉形象，他们的面部表情更具有生活气息。殿内彩塑从下至上分为 4 层，依次为十八罗汉、二十四诸天、十二圆觉菩萨、道教和儒家人物，儒、释、道三教人物共融于一堂。每层塑像以翻卷的流云和火焰纹饰间隔。十二位圆觉菩萨以不同的姿势坐在瑞兽背部的莲花座上。殿内的墙壁上、梁架间都布满悬塑作品，在有限的三间殿堂之内，竟然布置了 500 余尊塑像。造像师充分利用殿内的空间，巧妙地利用大梁和平梁之间的高差，塑造出金碧辉煌的楼阁，数十位佛像端坐其中。殿内的悬塑作品人物众多，刻画细腻、姿态各异、生动传神，堪称明代悬塑中的精品。

↑ 观音堂观音殿，四层彩塑局部（摄影：王俊彦）

↓ 观音堂观音殿悬塑特写（摄影：王俊彦）

长治玉皇观

位于长治市南35千米的南宋村

主要看点

+ 五凤楼楼体高大，气势宏伟，角柱生起，檐口呈美丽的弧线，层层飘逸的屋檐凌空而上，宛如凤凰展翅；

+ 楼内二层南北横梁都是两根长 7 米多的荆木所制，荆木大梁在现存古建筑中绝无仅有；

+ 献亭内的八卦藻井由密集的斗拱逐层收缩，攒尖成顶，精巧美丽；

+ 灵霄宝殿的铺作极为罕见，11 朵九铺作排列在高大的屋檐下，犹如繁花怒放，堪称“天下第一高大”的铺作。

↑ 玉皇观五凤楼（摄影：吴运杰）

↓ 玉皇观献亭藻井（摄影：王俊彦）

五凤楼建于元代，是玉皇观的山门，高五层，29 米，因外观为五层飞檐，故称五凤楼。楼面阔三间，进深六椽，平面呈正方形。楼从正面看为五层，侧观为四层（第一层屋檐是明代万历十一年所加），明五暗四。五凤楼在第三层檐下出平坐，第四层设檐柱一周，形成栏

→ 玉皇观灵霄宝殿

（摄影：刘勇）

杆。楼体高大，气势宏伟，角柱生起，檐口呈美丽的弧线，层层飘逸的屋檐凌空而上，宛如凤凰展翅。五凤楼内桑树木梯是由一根桑木雕凿而成，高 7.13 米，小头直径 42 厘米，大头直径 76 厘米，共凿有 15 步台阶。桑树很难成材，该桑树的树龄约 500 年，实属罕见。楼内的大梁是荆木所制。荆木为落叶灌木，一般不易生成主干，楼内二层南北横梁都是由两根长 7 米多的荆木所制。荆木大梁在现存古建筑中绝无仅有。

五凤楼后有献亭，建于明代，面阔、进深各一间。出檐深远，翼角飞起，四面开敞，似展翅欲飞。4 根方形石柱上，雕刻人物、龙、凤、卷草、花卉等图案，线条流畅、技艺精湛。献亭内的八卦藻井由密集的斗拱逐层收缩，攒尖成顶，精巧美丽。

灵霄宝殿是玉皇观的主殿，面阔五间，进深六椽，单檐悬山顶。前檐柱为明柱，明间、次间面阔 3.05 米，梢间面阔 2.80 米。明、次间安隔扇门，两梢间设加腰串的直棂窗。前檐柱特殊，下半部为方形抹棱石柱，上半部接一段木柱。前檐铺作硕大，为罕见的九铺作，明间的补间铺作和两次间的补间铺作都出斜拱。11 朵九铺作排列在高大的屋檐下，犹如繁花怒放，异常壮观，堪称“天下第一高大”的铺作。

玉皇观灵霄宝殿高大的铺作（摄影：吴运杰）

长子崇庆寺

位于长子县东南20千米处的紫云山

主要看点

+ 主殿千佛殿是宋代小型寺庙建筑的代表；
+ 西配殿的十八罗汉坐像是崇庆寺内艺术价值最高的宋代彩塑，也是国内现存宋代罗汉塑像中唯一有确切年代的作品。

← 崇庆寺千佛殿

崇庆寺主殿千佛殿建于北宋大中祥符九年（1016），面阔三间，进深六椽，单檐歇山顶。4 个角柱稍高，形成翼角飞起，使屋顶的荷重向中心聚集。檐下柱间有阑额、普拍枋，阑额、普拍枋都不出头。前檐柱头铺作为五铺作单杪单昂，昂为批竹昂，耍头为下昂形，与游仙寺前殿的形制一样。殿内梁架上的构件大部分是宋代原构，两根细柱子为后世所加。千佛殿是宋代小型寺庙建筑的代表。

殿内佛坛上的一佛二菩萨、佛背后的倒坐观音、二菩萨背后的观音立像和主像前的接引佛，虽然经过后代重装，但塑像为宋代原作。东、西、北三面墙壁上原密布着大量的小佛像，千佛殿的名字即由此而来，现在只有西面的山墙上部保存着 200 多尊。

西配殿名为大士殿，面阔三间，进深六椽，单檐悬山顶。大殿的梁架结构为四椽栿前压乳栿用三柱，殿内的梁架结构多是宋代原构。平梁交栌斗出头，四椽栿、乳栿之上皆立蜀柱，劄牵头置于乳栿的蜀柱上，劄牵尾插入四椽栿上的蜀柱，在结构上自成特色。佛坛上有观音、文殊、普贤三位菩萨塑像，合称三大士。佛坛下有北宋元丰二年

← 崇庆寺千佛殿观音菩萨塑像（摄影：王俊彦）

→ 崇庆寺西配殿宋代十八罗汉塑像局部之一、之二（摄影：王俊彦）

（1079）的题记。三大士塑像两侧是十八罗汉坐像，是艺术价值极高的宋代彩塑，也是国内现存宋代罗汉塑像中唯一有确切年代的作品。十八罗汉的塑像如真人大小，表情各异，皆具神韵，每尊塑像都是生动传神的艺术精品。中央美术学院的钱绍武教授认为，崇庆寺的十八罗汉塑像是“宋塑之冠”。中央美术学院的任世民教授有云：“梁刘不识崇庆寺，天下罗汉三堂半。”在崇庆寺的罗汉塑像未被学术界发现之前，梁思成、刘海粟认为国内泥塑罗汉是“天下罗汉两堂半”。这“两堂半罗汉”指的是：苏州东山紫金庵一堂、济南长清灵岩寺一堂、苏州甪直保圣寺的半堂。

长子法兴寺

位于长子县东南慈林镇崔庄翠云山

主要看点

+ 舍利塔建于唐代，外形像塔非塔、似殿非殿，这种形制的塔在国内现存古塔中是孤例；

+ 石雕燃灯塔是唐代石雕灯塔中的珍品；

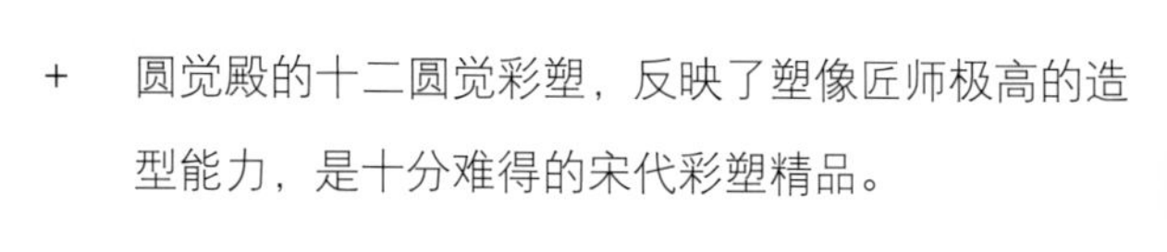

+ 圆觉殿的十二圆觉彩塑，反映了塑像匠师极高的造型能力，是十分难得的宋代彩塑精品。

↑ 法兴寺唐代舍利塔

↓ 法兴寺唐代燃灯塔

法兴寺原址位于长子县东南15千米的慈林山间，20世纪80年代，因当地煤矿开采造成采空区，为保证古建安全，文物部门将法兴寺整体迁移到崔庄村北的现址，历经12年完成。

寺庙中轴线上分布着舍利塔、燃灯塔、圆觉殿和后殿。

舍利塔建于唐代，外形像塔非塔、似殿非殿，这种形制的塔在国内现存古塔中是孤例。塔通体以条石垒砌，正南辟拱形石板门，塔心室装饰莲花藻井。

舍利塔之后、圆觉殿之前，有一座形制美观的唐代石雕燃灯塔。这座燃灯塔线条流畅，从下到上多达 11 个平面，平面图形富于变化。国内现存的唐代石灯塔仅有 3 座，法兴寺的石雕燃灯塔造型最精巧、雕刻最精细、保存最完整，是石雕灯塔中的珍品。

圆觉殿建于北宋元丰四年（1081），面阔三间，进深六椽，单檐歇山顶。屋顶举折平缓，出檐深远。檐下用石质方形抹角檐柱，柱面阴刻缠枝花纹。柱头铺作为六铺作单杪双下昂，昂为批竹式。石质门上雕刻建造题记。殿内梁架结构为六椽栿通达前、后檐。

殿内现有 19 尊彩塑，两侧山墙下的 12 尊菩萨为宋代原作。这 12 尊菩萨是根据佛教《圆觉经》的记载塑造的，故称“十二圆觉”。据寺院内的碑刻记载，十二圆觉塑造于北宋政和二年（1112），是国内稀见的有确切塑造年代的宋代彩塑。十二圆觉塑像皆以女性形象

← 法兴寺圆觉殿彩塑·远行地菩萨（摄影：王俊彦）

← 法兴寺圆觉殿彩塑·法云地菩萨（摄影：王俊彦）

出现，面容娇美，鼻直眉弯，身姿婀娜，身上的服饰色彩淡雅，衣带随身姿流转飘逸。12 尊塑像姿态各异，各具神态，表现出她们不同的内心世界。特别是一尊左手托腮的圆觉像，头部微侧，从她的神情看，似乎正在思考，造型逼真，极具生活气息。法兴寺的十二圆觉彩塑，反映了塑像匠师极高的造型能力，尤其是在面部表情的刻画、手指的细节表现上最为突出，是十分难得的宋代彩塑精品。其与晋祠圣母殿彩塑、华严寺辽代彩塑代表了宋辽时期山西地区高超的彩塑艺术水平。

从彩塑艺术造诣来说，法兴寺的十二圆觉塑像较晋祠圣母殿彩塑、大同华严寺彩塑更胜一筹。法兴寺的十二圆觉塑像虽为宋代作品，但继承了唐代彩塑的优良传统，被誉为“宋塑第一”。

→ 法兴寺圆觉殿彩塑·不动地菩萨（摄影：王俊彦）

→ 法兴寺圆觉殿彩塑·思惟菩萨（供图：杭州大视角文化公司）

长子成汤王庙

位于长子县西上坊村

主要看点

+ 大殿的梁架继承了五代时期平顺龙门寺西配殿的梁架结构风格；
+ 后檐柱头铺作里转一跳连枋隐刻、二跳杪跳偷心、三跳上昂，是现存古建筑铺作上昂造的最早实例。

→ 成汤王庙大殿

成汤王庙建于金皇统元年（1141），现仅存大殿。大殿建在高台之上，面阔五间，进深八椽，单檐歇山顶。晋东南地区的宋金建筑多为面阔三间的建筑，像成汤王庙大殿如此开敞高大的建筑显得十分突出。大殿前檐带廊，廊柱为抹棱的八角石柱，石柱收分明显，阑额、普拍枋皆出头。前檐明间东侧的石柱上留有皇统元年的题记。前檐柱头铺作为五铺作双昂，昂为假昂，无补间铺作，转角铺作为五铺作单杪单昂。后檐柱头铺作为五铺作单杪单昂，用真昂，昂尾压在梁栿之下。殿内梁架为六椽栿对前乳栿用三柱。因为跨径过大，次间的六椽栿在后中平槫的位置设内柱两根。平梁交栌斗出头，六椽栿上立蜀柱置栌斗承托四椽栿，劄牵尾插入六椽栿上的蜀柱内，继承了五代时期平顺龙门寺西配殿的梁架结构风格。殿内梁架出现多处弯材，当系元代重修时更换。后檐柱头铺作里转一跳连枋隐刻、二跳杪跳偷心、三跳上昂造，是现存古建筑铺作上昂造的最早实例。

← 成汤王庙大殿六椽栿上的劄牵尾插入蜀柱

→ 成汤王庙大殿后檐柱头铺作里转三跳上昂

↓ 成汤王庙大殿梁架多处使用弯材

长子碧云寺

位于长子县北的小张村

主要看点

+ 三圣殿前檐铺作的做法古朴，与平顺县天台庵弥陀殿一样，在栌斗上直接承柱头枋，柱头枋上隐刻泥道拱；

+ 昂尾压于上面的劄牵下，三椽栿砍成斜面依附于昂身之下，这种昂与梁的关系属于“上梁压昂”，是五代末期的做法。

↑ 碧云寺三圣殿（摄影：吴运杰）

← 碧云寺三圣殿前檐柱头铺作

→ 碧云寺三圣殿昂尾压于上面的劄牵下

碧云寺三圣殿为宋代早期建筑，正殿面阔三间，进深四椽，单檐歇山顶。柱间有阑额，无普拍枋，阑额不出头。檐下铺作的做法古朴，与平顺县天台庵弥陀殿一样，在栌斗上直接承柱头枋，而不是常见的栌斗承泥道拱，柱头枋上隐刻泥道拱。前檐柱头铺作为四铺作单昂，昂为批竹昂，昂下有华头子，耍头为昂形。里转斗拱的拱瓣内凹明显，有唐代遗风。前、后檐与山面均有补间铺作，补间铺作为一斗三升。从殿内可以看出，昂尾压于上面的劄牵下，三椽栿和劄牵砍成斜面附于昂身之下，这种昂与梁的关系属于“上梁压昂”，是五代末期的做法。

潞城原起寺

位于长治市潞城区东北22千米的辛安村

主要看点

+ 大雄宝殿檐下的铺作古拙简单，柱头铺作为“单斗支替加半拱”，与平顺龙门寺西配殿的铺作形制类似；

+ 以替木做令拱；

+ 青龙宝塔每层都有砖雕的飞檐和斗拱，每层的斗拱样式都有变化，凌空的飞檐和层层叠叠密集的斗拱，在视觉上极具典雅的美感。

原起寺始建于唐，历代有维修、扩建。整个寺院因势就形，高塔古庙，错落有致。

寺内的大雄宝殿建于北宋，面阔三间，进深四椽，单檐歇山顶。屋顶举折平缓，出檐深远，角柱生起明显。檐下铺作古拙简单，柱头铺作为“单斗支替加半拱”，与平顺龙门寺西配殿的铺作形制类似，但加了耍头，耍头为昂形。以替木做令拱，这种铺作形制在早期古建筑中罕见，说明该殿的铺作形制继承了唐代早期的铺作风格。大殿无补间铺作。殿内的平梁交栌斗出头，角梁穿驼峰与丁栿搭于四椽栿上。

大雄宝殿前有方形献亭一座，为明代建筑，由 4 根石柱支撑，广深各一间，单檐歇山顶。亭前有八角青石经幢，唐天宝六载（747）雕造，经幢座八面雕刻有侍女乐人，风姿动人。

大雄宝殿西侧的青龙宝塔建于北宋元祐二年（1087）。塔身平面呈八角形，7 层，高 17 米。塔底东西两侧有砖雕直棂窗，第一层朝南有一佛龛，龛上方刻有“青龙宝塔”四字。塔的 1 层至 3 层为空心，3 层以上为实心。每层都有砖雕的飞檐和斗拱，每层的斗拱样式都有变化，挑角部位用翼形拱，凌空的飞檐和层层叠叠密集的斗拱，在视觉上具有典雅的美感。

↑ 原起寺大雄宝殿前檐柱头铺作

↓ 原起寺大雄宝殿角梁与丁栿搭于四椽栿上

↑ 原起寺青龙塔，凌空的飞檐和层层叠叠密集的斗拱

潞城李庄文庙

位于长治市潞城区东南15千米的李庄村

主要看点

+ 大成殿屋脊上的行龙栩栩如生，颇有动感，是元代中期的琉璃佳作；
+ 大成殿转角铺作，在角华拱的第一跳跳头出跳抹角拱，为古建筑铺作中少见；
+ 殿内梁架继承了金代前期的风格，前后劄牵在六椽栿上插入蜀柱，节省了一根四椽栿；
+ 山面的两根丁栿穿过蜀柱搭于六椽栿上。

↓ 文庙大成殿屋顶的琉璃脊饰

李庄文庙坐北朝南，建在村西南的坡地上。大成殿建于金大安三年（1211），重修于元代，面阔三间，进深六椽，单檐歇山顶。在屋顶的琉璃脊刹上保存着有关题记：正面“至元元年潞州李侍统记”，背面“至治元年程德厚营造庙堂、至元元年李君仁捏烧吻脊”，这是至治元年（1321）大修、至元元年（1335）更换琉璃脊饰的记录，建筑结构为金代遗存。屋脊上的4条行龙穿行向前，左右各有一条行龙回首而望，栩栩如生，颇有动感，是元代中期的琉璃佳作。前檐柱头铺作为四铺作单昂，皆出45°斜拱；补间铺作为隐刻，柱头铺作的耍头锐利；转角铺作，在角华拱的第一跳跳头出跳抹角拱，为古建筑铺作中少见。殿内梁架为六椽栿通檐用两柱，没有四椽栿，前后劄牵在六椽栿上插入蜀柱，不再设托脚，通过劄牵与蜀柱的组合节省了一根四椽栿，继承了金代前期的风格，与陵川县龙岩寺过殿的做法相似。平梁交栌斗出头。山面的两根丁栿穿过蜀柱搭于六椽栿上，比较少见。殿内的梁架上布满彩绘。

← 文庙大成殿转角铺作

→ 文庙大成殿补间铺作为隐刻，柱头铺作的耍头锐利

↓ 文庙大成殿梁架前后劄牵在六椽栿上插入蜀柱，山面的两根丁栿穿过蜀柱搭于六椽栿上

平顺龙门寺

位于平顺县东的石城镇源头村

主要看点

- 西配殿的建筑保留了唐代的风格，是由唐代向宋代过渡时期的建筑实例，也是国内仅存的五代悬山式建筑；
- 西配殿的斗拱“单斗支替加半拱”是五铺作斗拱的雏形；
- 平梁交栌斗出头，为此前所未有；
- 西配殿的平梁上设驼峰、蜀柱，是蜀柱插入驼峰的首例；
- 建于宋代的大雄宝殿，殿内四椽栿上立蜀柱置栌斗承托平梁，劄牵尾插入四椽栿上的蜀柱内，为劄牵插蜀柱结构的最早实例；
- 龙门寺保留了五代、宋代、金代、元代、明代、清代 6 个时期的古建筑，这在全国也比较少见，堪称一座小型古建筑博物馆。

← 龙门寺西配殿

天王殿（山门）建于金代，单檐悬山顶，面阔三间，进深四椽。前檐柱头铺作为五铺作双昂，双昂都为假昂，补间铺作只有当心间一朵出斜拱。后檐柱头铺作为五铺作单杪单昂，补间铺作也是只有当心间一朵出斜拱。明间设门，两次间开卧式直棂窗，在直棂的腰部有三根横串，形成栅栏式的窗棂。

龙门寺第一进院落的西配殿建于五代后唐同光三年（925）。西配殿面阔三间，进深四椽，单檐悬山顶，举折平缓。檐柱之间有阑额，阑额不出头，没有普拍枋，栌斗直接置于柱头。柱头铺作简单，为四铺作单杪，可以看出是单斗支替加半拱，即在栌斗之上、华拱之下加了一个半拱，半拱的位置后来是五铺作斗拱的第一跳华拱的位置。西配殿的“单斗支替加半拱”是五铺作斗拱的雏形，从这一点来看，西配殿的最初建筑时间应该在唐代前期。铺作上没有令拱、耍头。补间无铺作，隐刻泥道拱。明间设门，两次间开直棂窗。殿内的梁架为四椽栿和平梁，四椽栿上有驼峰支撑平梁，平梁上使用叉手和蜀柱。平梁交栌斗出头，为此前所未有。西配殿的建筑保留了唐代的风格，与芮

城广仁王庙的梁架结构一致，是由唐代向宋代过渡时期的建筑实例，也是国内仅存的五代悬山式建筑。

与西配殿相对的东配殿，建于明代弘治年间。面阔三间，进深四椽。柱侧有彩绘垂花柱。铺作简单，柱头铺作、补间铺作均为四铺作单昂，铺作上有彩绘，与西配殿的铺作在色彩上相呼应。明间设门，两次间开直棂窗，在直棂的腰部有两根横串，形成栅栏式的窗棂。与西配殿古朴的风格相比，东配殿多了些华丽。

第一进院落的正殿大雄宝殿建于北宋绍圣五年（1098），面阔三间，进深六椽，单檐歇山顶。屋顶举折平缓，出檐深远。明间稍宽，角柱生起明显，屋檐呈现优美的弧线，大殿四角的 4 根撑木为后世所加。柱头铺作为单杪单昂，耍头为下昂状，没有补间铺作。前檐 4 根檐柱及后檐的二角柱均为抹角石柱。殿内梁架为四椽栿对后乳栿用三柱，四椽栿上立蜀柱置栌斗承托平梁，劄牵尾插入四椽栿上的蜀柱内，为劄牵插蜀柱结构的最早实例。大殿明间设门，两次间开卧式直棂窗，在直棂的腰部有一根横串，形成栅栏式的窗棂。

← 龙门寺西配殿前檐柱头铺作

← 龙门寺西配殿平梁交栌斗出头

← 龙门寺西配殿的平梁上设驼峰、蜀柱，是蜀柱插入驼峰的首例

→ 龙门寺大雄宝殿

↑ 龙门寺大雄宝殿梁架劄牵尾插入四椽栿上的蜀柱内，为劄牵插蜀柱结构的最早实例

↓ 龙门寺燃灯佛殿西山墙所用的弯材三椽栿

燃灯佛殿是龙门寺的后殿，建于元代。燃灯佛殿面阔三间，进深四椽，单檐悬山顶。阑额、普拍枋皆出头。仅前檐有柱头铺作，为五铺作双昂，昂为琴面假昂。殿内梁架为三椽栿前压劄牵，梁架构件多为原木稍作加工后即使用，元代特征明显，尤其是西山墙所用的三椽栿十分弯曲，堪称古建筑中最弯曲的大梁。燃灯佛殿明间设门，两次间开直棂窗，在直棂的腰部有两根横串，形成栅栏式的窗棂。

平顺大云院

位于平顺县城西北23千米北耽车乡实会村北

主要看点

- 弥陀殿是国内现存古建筑中阑额之上加设普拍枋的最早实例；
- 斗拱的拱头卷杀，皆分五瓣，每瓣都内凹；
- 转角铺作昂下的华拱头子是古建筑华头子做法的雏形；
- 梁架上不同部位使用了8种形态各异的驼峰，在古建筑中罕见；
- 弥陀殿内的壁画是国内仅存的五代寺院壁画。

大云院地处群山环抱之中，寺院建于五代后晋天福三年（938），现存弥陀殿建于天福五年（940），其余建筑为明清重修。

弥陀殿面阔三间，进深六椽，单檐歇山顶。前檐铺作为五铺作双杪，两次间的补间铺作不在居中位置，而是略向外移，靠近转角铺作，这是因为两次间的补间铺作后尾要与转角铺作的后尾共同在平榑下的交点起承托作用。柱间有阑额，转角处的阑额不出头，阑额之上有普拍枋，这是国内现存古建筑中阑额之上加设普拍枋的最早实例。斗拱的拱头卷杀，分瓣明显，每瓣都内凹，与南禅寺大佛殿的斗拱形制一样。耍头为圆弧形，比较少见。转角铺作昂下的华拱头子是古建筑华头子做法的雏形。殿内的梁架结构为四椽栿后对乳栿，通檐用三柱，采用了减柱法，减去了前排的两根金柱，扩大了殿内的祭祀空间。梁架上不同部位使用了 8 种形态各异的驼峰，在古建筑中罕见。

← 大云院弥陀殿

弥陀殿内的拱眼壁和梁架上保存有五代壁画 11 平方米，东壁和扇面墙两面残存五代壁画 28.8 平方米，此为国内仅存的五代寺院壁画。东壁绘佛教故事“维摩诘经变图”，表现的是维摩诘与文殊菩萨辩论的场景。画面上的人物刻画细腻，神态各异，栩栩如生。从殿内壁画的色彩、线条、人物造型来看，都具有晚唐风韵。画面上部的山水景色与北方的风格迥异，山峰的形态、河流的波浪，都具有明显的南方画派风格。

← 大云院弥陀殿，古建筑中最早加设普拍枋的实例

→ 大云院弥陀殿转角铺作

→ 大云院弥陀殿驼峰之一、之二

← 大云院弥陀殿东壁壁画局部之一（摄影：黑故）

→ 大云院弥陀殿东壁壁画局部之二（摄影：黑故）

→ 大云院弥陀殿东壁壁画局部之三

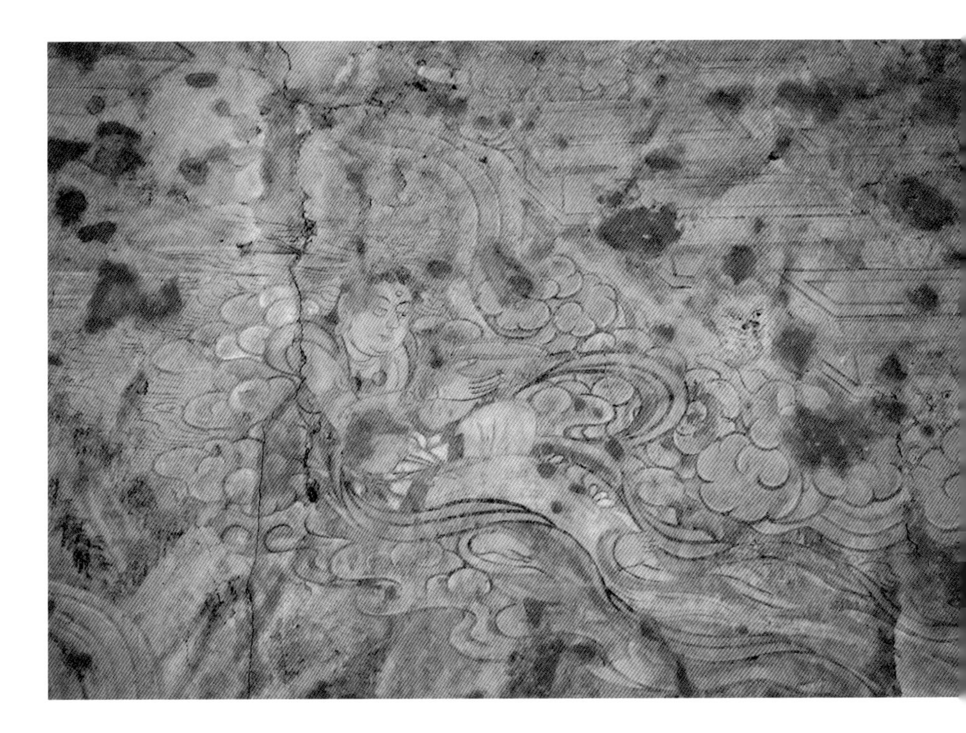

平顺天台庵

位于平顺县北的王曲村，是中国佛教创立最早的宗派『天台宗』的庵院

主要看点

+ 弥陀殿单檐歇山顶，正脊很短，戗脊很长，古建中罕见；

+ 弥陀殿前檐柱头铺作古朴，是标准的“单斗支替”，这是最初级的铺作形制；

+ 弥陀殿在四椽栿上立蜀柱承顶平梁，这样的结构在已知的唐五代建筑中未见，是“梁栿蜀柱式”结构手法的最早实例。

→ 天台庵弥陀殿的正脊很短，戗脊很长

← 天台庵弥陀殿前檐柱头铺作

→ 天台庵弥陀殿在四椽栿上立蜀柱承顶平梁，角梁插入蜀柱

天台庵弥陀殿建于五代后唐长兴四年（933）。大殿面阔三间，进深四椽，面阔 7.15 米、进深 7.12 米，近似一正方形。弥陀殿单檐歇山顶，正脊很短，戗脊很长，古建筑中罕见。屋顶出檐深广，举折平缓，四翼如飞，角柱有明显生起。弥陀殿与南禅寺大佛殿、广仁王庙正殿的屋顶坡度类似。大殿四周有檐柱 12 根，柱间有阑额相连，没有普拍枋，阑额至角柱不出头，有唐代风格。檐下铺作古朴，柱头铺作是标准的“单斗支替”，这是最初级的铺作形制。从使用“单斗支替”这种最初级的铺作形制来看，天台庵弥陀殿的最初建筑时间应该在唐代前期。另外，在栌斗上直接承柱头枋，而不是常见的栌斗承泥道拱，

↑ 天台庵弥陀殿很小的山花

柱头枋、明间的补间隐刻泥道拱。殿内梁架为四椽栿通檐用两柱，殿内无柱，结构简练，没有繁杂的装饰，使殿内的空间更显空阔。在四椽栿上立蜀柱承顶平梁（蜀柱两侧无合楷），而且角梁插入蜀柱，这两种结构在已知的唐五代建筑中未见。天台庵弥陀殿在四椽栿上立蜀柱承顶平梁，已与五台南禅寺大佛殿的“梁栿驼峰式”不同，是“梁栿蜀柱式”结构手法的最早实例。四椽栿上立蜀柱承顶平梁在宋代中期多有出现。天台庵弥陀殿和平顺龙门寺西配殿一样，在建筑上保留了较多的唐代风格，甚至保留了唐代前期的铺作形制，是由唐代向宋代过渡时期的建筑实例。

平顺九天圣母庙

位于平顺县北社乡东河村

主要看点

+ 戏楼当心间的补间铺作出现罕见的龙形木雕；
+ 献殿的正脊很短，垂脊颇长，造型飘逸，与天台庵弥陀殿的屋顶风格近似；
+ 献殿的建筑等级高于正殿，这在其他地方的古建筑布局中很少见到；
+ 圣母殿外檐铺作为五铺作单杪单昂，昂为琴面插昂，是铺作插昂造和琴面昂的最早实例；
+ 华头子刻成两瓣，为开先河之形制；
+ 前廊梁架上的托脚过梁栿抱槫，为此前所未见；
+ 梳妆楼的形制为楼、亭结合的建筑。

据殿内的元代碑刻记载，该庙创建于唐代，北宋初重建圣母殿，建中靖国元年（1101）重建整座庙宇，元、明、清时期屡有增修，集宋、元、明、清四代的建筑风格于一处。

戏楼面阔三间，进深四椽，单檐歇山顶。雀替上的木雕技艺精湛，檐下铺作华丽，铺作上也有雕刻，当心间的补间铺作出现罕见的龙形木雕。戏楼的梁架上有彩绘。据北宋建中靖国元年的重修碑记载，在宋代重修圣母殿时就创建了戏楼，说明晋东南地区在宋代戏剧文化之繁荣。现在的戏楼是清代的建筑物。

圣母殿是庙内的主要建筑，为北宋建中靖国元年建造。圣母殿面阔三间、进深六椽，平面近方形，单檐歇山顶。屋顶举折平缓，出檐深远，翼角高扬，与献殿的翼角相连。大殿外檐柱头铺作为五铺作单杪单昂，昂为琴面插昂（无昂尾，整体不过柱身中线，相当于插在铺作中），是铺作插昂造的最早实例。华头子刻成两瓣，为开先河之形制。补间铺作仅前檐当心间一朵。内檐铺作为五铺作双杪。柱头卷杀和缓，角柱生起明显。柱础为覆盆式，莲瓣雕刻较大。殿内的梁架为

→ 九天圣母庙正殿外檐柱头铺作

→ 九天圣母庙正殿前廊梁架上的托脚过梁栿抱榑

← 九天圣母庙戏楼当心间的补间铺作

四椽栿前对乳栿通檐用三柱，劄牵与三椽栿构成上四椽栿，上四椽栿与平梁之间立蜀柱，下四椽栿与乳栿对接。大殿前檐带廊，前廊梁架上的托脚过梁栿抱榑，为此前所未见。

献殿位居圣母殿与戏楼之间，建于高台之上，是一座纵向的庑殿顶建筑，面阔五间，进深三间。屋顶正脊很短，垂脊颇长，翼角飞起，造型飘逸，与天台庵弥陀殿的屋顶风格近似。献殿的建筑等级高于正殿，侧面朝向正殿，这样的处理手法，拉长了中轴线，渲染了圣母殿的重要地位，这在其他地方的古建筑布局中很少见到。献殿的梁架木料多有不规整者，元代风格明显。

梳妆楼在圣母殿之东，明代重修，为明二暗三层结构，平面方形，重檐歇山顶。底层三间，上层一间，似一座亭子。二层出平坐，四周围栏，四面有隔扇门。平坐铺作与上檐铺作的出跳符合《营造法式》的规制。梳妆楼的形制为楼、亭结合的建筑，挺拔的楼身、飞起的翼角，使得整座建筑秀美灵动。

→ 九天圣母庙歇山顶的正殿与庑殿顶的献殿檐角相接

↑ 九天圣母庙规模宏大的献殿

↓ 九天圣母庙梳妆楼

山西南部

Southern

Shanxi

芮城广仁王庙

位于芮城县中龙泉村北

主要看点

+ 大殿阑额之上无普拍枋，阑额至角柱不出头；
+ 梁架特点：柱头铺作里转一跳华拱承托四椽栿；
+ 铺作上不用令拱、耍头，继承了唐代前期的风格；
+ 大殿的拱枋重复式扶壁拱是早期古建筑的孤例；
+ 平梁上立蜀柱、叉手，短小的蜀柱和长大的叉手形成平缓的屋顶；
+ 平梁上立蜀柱，是现存古建筑中的首例。

→ 广仁王庙大殿

↑ 广仁王庙大殿前檐柱头铺作

↓ 广仁王庙大殿柱头铺作里转一跳华拱承托四椽栿

广仁王庙又称五龙庙，即龙王庙，现存大殿与戏台。

大殿建于高台之上，面阔五间，进深四椽，单檐歇山顶，举折平缓。大殿当心间开门，两次间各有一直棂窗，与五台南禅寺人佛殿的窗户样式一样。两梢间的宽度仅有明间宽度之半。柱间有阑额相连，阑额之上无普拍枋，阑额至角柱不出头，与南禅寺大佛殿的结构一样，是典型的唐代做法。前檐柱头铺作为五铺作双杪偷心造，栌斗直接坐于柱头之上。铺作上不用令拱、耍头，与敦煌壁画中唐代前期的铺作形制一致，说明该殿的铺作形制继承了唐代前期的风格。大殿没有补间铺作。柱头栌斗口横出泥道拱，泥道拱上施素枋，枋上又施拱，拱上施承椽枋，这种拱枋重复式扶壁拱是早期古建筑的孤例。柱头铺作的第二跳华拱是四椽栿的延伸。该殿梁架结构为四椽栿通檐用二柱，殿内无柱，空间开敞，檐柱均筑入墙内。殿内铺作硕大，柱头铺作里转一跳华拱承托四椽栿，四椽栿上置驼峰，由大斗直接承托平梁。平梁上立蜀柱、叉手，短小的蜀柱和长大的叉手形成平缓的屋顶。平梁上立蜀柱，是现存古建筑中的首例。四椽栿与平梁之间设驼峰，属于

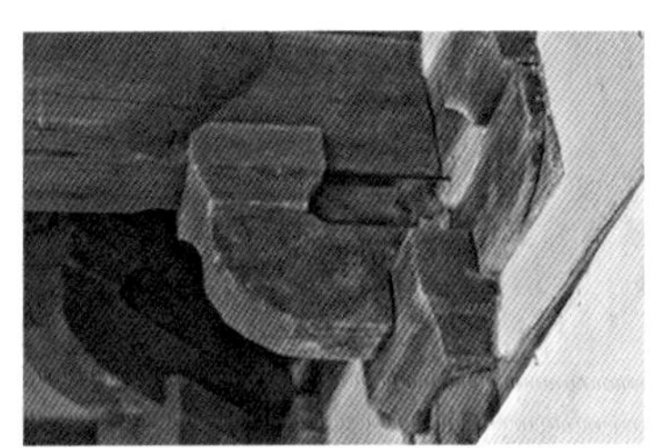

← 广仁王庙大殿平梁上有短小的蜀柱、长大的叉手

“梁栿驼峰式”结构，与五台南禅寺大佛殿风格一致。整座建筑结构简练，造型古朴，显示出典雅的唐代风韵。广仁王庙大殿是晋南地区仅存的唐代建筑，也是全国仅存的唐代道教建筑。

根据广仁王庙内的碑刻资料，该庙始建于唐元和三年（808），因为旧庙破旧不堪，唐大和五年（831）予以重修。现存的广仁王庙就是 831 年重修后的遗构。从建筑时间来看，广仁王庙是国内现存排名第二的唐代建筑。

大殿的对面是一座戏台，建于清代，面阔三间，硬山顶。木雕额枋、雀替。戏台梁架上有雕刻精美的驼峰。

芮城城隍庙

位于芮城县永乐南街

主要看点

+ 享亭的前檐柱粗大，加工粗糙，东西角柱歪斜，西南角柱倾斜最明显，为典型的元代粗犷风格；
+ 檐下有粗大的檐额横跨明次间，也是典型的元代做法；
+ 大殿歇山部分的“二龙戏珠”琉璃山花比较少见，造型生动；
+ 碑廊中的《中条山靖院道堂铭并序》，刻立于唐贞元十四年（798），由虢州刺史王颜撰文，尚书右丞、书法家袁滋书丹，为唐代篆书碑刻珍品。

城隍庙现存两进院落，中轴线上依次为享亭、献殿、大殿、寝宫。城隍庙始建于北宋大中祥符年间（1008—1016），元、明、清各代有重修和增建。其中，大殿的木构为宋代遗构，明清重修；享亭为元代建筑；献殿为明代创建，清代时重修；寝宫为清代建筑。因而城隍庙是一处时跨宋、元、明、清四代800多年的古建筑群，是山西省现存历史最早、保存比较完整、规模比较大的城隍庙，也是国内建筑最早的城隍庙之一。

享亭面阔五间，进深四椽，单檐歇山顶。前、后檐有横跨当心间和东、西次间的不加修饰的粗大额枋，无普拍枋，可以看出前、后檐的粗大额枋是直接用了整根大原木。柱头上置铺作一朵，无补间铺作。明间，东、西梢间都采用了绰幕枋。殿内梁架为四椽栿通檐用二柱，前檐柱粗大，柱头卷杀明显，加工粗糙，西南角柱倾斜最明显，为典型的元代粗犷风格。后檐柱的拱眼壁有彩绘。当心间开门，东、西次间各开一窗户。该建筑最初为亭式建筑，为祭祀时观看戏剧表演的场所，只有当心间，东、西次间，后来加建的东、西梢间明显较窄，并将屋顶改造为歇山顶。殿后的台基左右转角各雕一只伏地虎。

献殿面阔五间，进深两间，单檐卷棚顶。前檐有插廊，前后设门通往大殿。据城隍庙内的《瓦彩城隍庙正殿香亭记》记载，献殿建于明代嘉靖三十年（1551）之前，清代重修。明代增修献殿，是为了缓解祭祀时大殿上摆放供品的压力。

大殿始建于北宋大中祥符年间，面阔五间，进深六椽，单檐歇山顶。大殿与献殿相连。前檐铺作为五铺作双下昂，系明清重修时补换。两山面及后檐铺作为五铺作单杪单昂，斗拱硕大，拱瓣清晰。歇山部分的“二龙戏珠”琉璃山花比较少见，造型生动。屋脊上的琉璃鸱吻及琉璃脊饰色彩绚丽、美轮美奂，是明代的琉璃珍品。大殿内的梁架为五椽栿对后劄牵，采用减柱法，减去了前排的金柱，空间开敞。从梁架结构看，五椽栿、四椽栿、平梁层层叠叠，颇为壮观。大殿的拱眼壁有不少彩绘，应该是明清时期的作品。

院内新建的碑廊里陈列着大量的造像碑、石刻、石雕，时间跨越北魏、北周、隋、唐、宋、元、明、清1300多年，其中有不少都属于国家一级、二级文物，价值颇高。其中《中条山靖院道堂铭并序》，刻立于唐贞元十四年

↑ 城隍庙享亭

↓ 城隍庙大殿歇山部分的“二龙戏珠”琉璃山花

（798），由虢州刺史王颜撰文，尚书右丞、书法家袁滋书丹。王颜是王维的远房侄子。袁滋是唐代的篆书名家，与李阳冰、瞿令问齐名。碑文全为小篆体，笔法圆转、疏密有致，齐整中有参差变化，颇见功力，为唐代篆书碑刻之珍品。唐代的篆书碑刻传世不多，袁滋的作品也较为稀见，该碑的书法价值、史料价值都不容忽视。

芮城永乐宫

位于芮城县城北3千米的龙泉村东侧

主要看点

+ 龙虎殿出自宫廷少府监梓匠之手，是国内不多见的元代宫殿风格建筑；
+ 三清殿平面布局采用了减柱法，仅在后半部安排了8根柱子，这8根柱子又巧妙地构成三清塑像的神龛，形成了“殿中殿”的效果；
+ 三清殿壁画《朝元图》中神像的袍服、衣带上的细长线条，多用刚劲而流畅的线条一笔画出，达到了中国传统绘画中线描的最高水平；
+ 纯阳殿的空间布局由前向后逐渐缩小，为平面布局中的罕见之例；
+ 纯阳殿壁画中各种人物的服饰、装束，使用的器皿、设施等，都是极有价值的图画资料；
+ 重阳殿连环壁画《重阳祖师画传》，是一幅幅活生生的社会生活缩影图。

→ 永乐宫龙虎殿

永乐宫原址在芮城县黄河岸边的永乐镇，因兴建三门峡水利枢纽工程，永乐宫位于水库淹没区，故经国务院批准，将永乐宫整体搬迁至现址保护，但人们仍习惯称其为“永乐宫”。永乐宫以其精美的壁画闻名于世。不过，永乐宫在建筑方面也有很高的价值。进入永乐宫，沿中轴线，依次分布着山门、龙虎殿、三清殿、纯阳殿、重阳殿。除山门为清代建筑外，其余 4 座均为元代建筑。

龙虎殿又称无极门，是永乐宫原有的宫门，面阔五间，进深六椽，单檐庑殿顶，举折平缓，檐柱生起明显。4 根角柱的直径明显大于明间檐柱，增强了建筑的稳定性。殿内的梁架结构六架椽屋分心用三柱，前后三椽栿在中柱上对接。前檐柱头铺作为五铺作单杪单昂，里转双杪压于三椽栿下。门枕石上雕刻的石狮和台基压栏石上雕刻的角兽，姿态生动、刀法有力，为石雕艺术中的佳作。根据殿内的题记，龙虎殿的建造者是少府监梓匠翼城县人朱宝与其子朱光。龙虎殿出自宫廷少府监梓匠之手，是国内不多见的元代宫殿风格建筑。

三清殿又名无极殿，是用来供奉三清（元始天尊、灵宝天尊、道德天尊）的殿堂，是永乐宫最主要的一座殿宇。该殿面阔七间（28.44

↑ 永乐宫三清殿

↓ 永乐宫三清殿内的梁架结构

米），进深八椽（15.28 米），单檐庑殿顶，矗立在一个高大的台基上，巍峨壮丽。当心间，东、西次间，东、西梢间都有门，共计 20 扇门。檐下有阑额和普拍枋，阑额与拱眼壁上有木雕祥龙。当心间，东、西次间，东、西梢间都设补间铺作 2 朵，东、西尽间各有补间铺作 1 朵。檐下共有 20 朵铺作，均为六铺作单杪双下昂，十分壮观。作为永乐宫的主体建筑，三清殿体量最大，不但是《朝元图》壁画的

→ 永乐宫三清殿
神龛内的飞天

载体，而且也是永乐宫整个建筑群的灵魂所在。屋脊上镶有黄、绿、蓝三彩琉璃，两只龙吻高达 3 米。这些琉璃制品虽历数百年，釉色仍鲜艳夺目，体现了元代山西琉璃工艺的卓越水平。为了使空间开敞、视野开阔，殿内平面布局采用了减柱法，仅在后半部安排了 8 根柱子，其他柱子都减去。这 8 根柱子又巧妙地构成三清塑像的神龛，神龛的柱头铺作、补间铺作为双杪五铺作，形成了“殿中殿”的效果。大殿屋顶有 7 个藻井，位置分布在前部（3 个藻井，尺寸最大、最华丽）、中部（3 个藻井，尺寸和华丽程度次于前部）、后部（1 个较小的藻井）。藻井的布置，起到了强化室内空间的作用。

纯阳殿为永乐宫的第二大殿，是供奉吕洞宾的殿堂。面阔五间（20.35 米），进深六椽（14.35 米），单檐歇山顶，琉璃屋顶。前檐柱头铺作为六铺作单杪双下昂，当心间、次间的补间铺作各为 2 朵，梢间的补间铺作为 1 朵。两山墙的补间铺作，中间 2 朵、南间 3 朵、北间 1 朵。空间布局由前向后逐渐缩小，为平面布局中的罕见之例。

殿内也使用了减柱法，只在当心间安排了 4 根金柱，空间宽敞。

重阳殿又称七真殿，是为纪念全真教的创始人王重阳而建立的殿堂。面阔五间（17.46 米），进深八椽（10.86 米），单檐歇山顶。前檐铺作为五铺作单杪单昂。其平面布局的特点，是减去前檐明间的 2 根金柱。重阳殿是永乐宫元代四大殿中面积最小的一座宫殿。

永乐宫的建筑和其壁画一样值得重视，在总体布局、单体形制、结构特点、装饰艺术等方面，都在我国元代建筑史上占有重要的地位。

在永乐宫各殿中，以三清殿和纯阳殿的壁画最为精彩。三清殿的壁画名为《朝元图》，“朝元”即诸神朝拜道教始祖元始天尊。三清殿壁画高 4.26 米、全长 94.68 米，面积 403.34 平方米。在三清殿壁画中，有天帝、王母等 28 位主神。围绕主神，二十八宿星、十二宫辰等“天兵天将”在画面上次第展开。画面上的武将骁勇、力士威武、玉女端丽。整个壁画场面宏大，气势非凡，中国当代著名戏剧家马少波先生赞誉曰：“永乐三清铁画钩，曹衣吴带兼刚柔。唐宋遗风满壁是，堪称天下第一流。”

→ 永乐宫三清殿《朝元图》局部

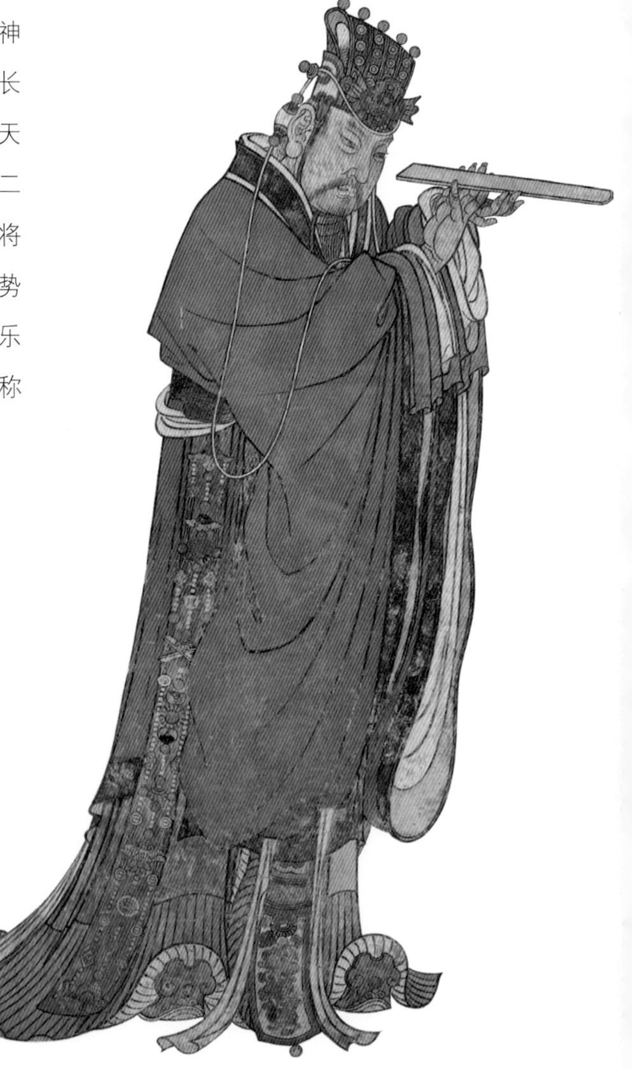

纯阳殿内的壁画，绘制了吕洞宾从诞生起至“得道成仙”“普度众生”“游戏人间”的连环画故事。殿内的《谈道图》，人物描绘极为成功，神态细腻，是一幅十分珍贵的壁画。《谈道图》高 3.7 米、宽 4.6 米。全图以自然场景为背景，古松挺立、清泉飞流、奇峰在望。钟离权、吕洞宾师徒二人对坐于山岩前，吕洞宾儒生装扮，身着白衣，面部平和，双手隐于袖中，正静心倾听；钟离权一派洒脱模样，道袍半开，袒胸露腹，一腿下垂，一腿半屈，坐于石上，其胸前飘飘的长髯和随意的坐姿，都透露出一股豪放之气，与吕洞宾的矜持形成鲜明的对比。钟离权、吕洞宾二人衣服上的衣纹画法，采用了钉头与铁线相结合的笔法，在线条上强调顿挫转折。纯阳殿壁画中各种人物的服饰装束、使用的器皿设施、居住的亭台楼榭、出入的酒肆茶社等，都是极有价值的图画资料。

→ 永乐宫纯阳殿壁画《谈道图》
（摄影：王俊彦）

纯阳殿东壁壁画《武昌货墨》，画面右边绘一座建于高台之上的二层三檐楼阁，上层为重檐十字歇山顶，装饰华丽，琉璃饰顶，应为武昌名楼黄鹤楼。楼阁的第二层有一周围栏，向左有通道，通向一宽敞的月台。月台之上有二人面对起伏的青山和飞瀑谈兴正浓，二人身后有一童子，童子右臂下夹抱一物。画面中下部可见临街商铺，有各色人等当街交易。画面右下角的房子前有三人，居中者头顶一笸箩，笸箩内的食品好像是馒头、包子类面食。只见他左手扶笸箩，右手提壶，正扭头与右侧的人交谈。右侧那人，背着斗笠，右手前伸。

纯阳殿北壁东段壁画为《救苟婆眼疾》，画面正中上方绘着几朵如意祥云，单线勾勒，衬以钴蓝色作背景，使天空显得透亮。画面中部绘一庭院，一位穿白衣的老年女子（苟婆）坐于马扎之上，穿蓝袍的男子正往其眼上点药。苟婆身边站一小孩，小手抚于苟婆膝盖之上。苟婆左前侧立一托盏女子，眼睛注视着苟婆。身着白色长袍的纯阳帝君站在一旁观望。苟婆身后绘有松树三株，立于山石之间，虬枝屈曲盘旋。这三株青松正好将《救苟婆眼疾》与旁边的另一幅画《游寒山寺》有机地联系在一起。画面右边绘一小屋，屋内正中供奉着纯阳帝君的塑像。有一位着白衣黄裙的女子正向塑像前的供桌上献上供品。

纯阳殿南壁东侧的《斋供图》，画面上人物的瞬间动作被画家定格呈现出来，极具生活场景的真实感。因为地面不平，右下角的童子手中拿着一个三角形的木楔子，正在往桌腿下面塞垫；他身后的道童用纸捻子捅鼻子，做欲打喷嚏状；他对面的黄衣道童，正在用水果刀削皮；他前面是一位双手捧着几卷画轴的童子。这几位人物服饰衣纹的画法，也采用了钉头与铁线相结合的笔法。

纯阳殿西壁的《千道会图》，画面下部绘赴会众人进入城门的场景。城门高大，城楼巍峨，中间的城楼歇山式屋顶，覆绿色琉璃瓦。城楼下设五门，中间的三道门敞开，两边门关闭。城门口有手执武器的门将把守。道士们纷至沓来。一位道士站在中间的大门口，正与一官员相互致礼寒暄。画面上部绘一片华丽的殿宇，台前站立数人，中

↑ 永乐宫纯阳殿南壁东侧壁画《斋供图》局部（摄影：王俊彦）

↓ 永乐宫纯阳殿西壁壁画《千道会图》（摄影：王俊彦）

↑ 永乐宫重阳殿东壁壁画

《沃雪朝元》

间者为宋徽宗，其身后跟随两位手执笏板的大臣，另有两组道士侍立两旁。在殿宇的右廊下，站立着密密麻麻的人群。高大的城门、翼角飞扬的殿宇建筑群，绿色的琉璃瓦顶、金色的琉璃剪边，流光溢彩。

重阳殿内东、北、西三面绘有《重阳祖师画传》。殿内的壁画用连环画形式描述了王重阳从降生到得道、度化“七真人”成道的故事。这些连环壁画，几乎是一幅幅活生生的社会生活缩影图。平民百姓的打扮以及日常煮饭、种田、打鱼、砍柴、采药等生活生产活动；王公贵族、达官贵人的宫中朝拜、君臣礼仪，道士设坛、念经等各种动态，都被十分形象地反映在画面上。画中，流离失所的饥民、郁郁寡欢的茶役与大腹便便的王公贵族形成了鲜明的对照。

重阳殿东壁壁画《沃雪朝元》，呈现了重阳祖师游宁海的故事。一座重檐殿宇建于高台之上，上檐屋脊上有鸱吻等装饰，檐下的斗拱依稀可见。墙上开两扇门，左右设直棂窗。房子周围有绿树翠竹。院中有 7 人，身穿绿袍的祖师站立于中央，右手执碗，左手托雪。盛夏时节，祖师将手中的水变成了雪，对面身着绿袍的男子做出震惊状，另一个身着白袍的男子面朝重阳祖师正躬身施礼。祖师身后还有 4 人，一人身穿黄袍；一人身穿绿袍，手中拄杖；一人身穿土红色袍服；还有一个小道童，头上梳着双髻。

伫立在壁画前，端详着画面，让人不得不佩服绘画者的精彩构图，给人以身临其境之感。

永乐宫壁画的特点：一是线条十分优美，既含蓄又有力度。《朝元图》中的神像基本上都是寥寥几笔，通过线条的变化，表现出动感。人物的袍服、衣带上的细长线条，多是用刚劲而流畅的线条一笔画出，形成了灵动的飘逸感。三清殿扇面墙东侧南极长生大帝所戴十二旒冕上的带子长达 3 米多，线条流畅。这种画法继承了唐宋时期盛行的吴道子“吴带当风”的传统，达到了中国传统绘画中线描的最高水平。二是协调的色彩效果。以青绿色为基调，添加少量的红、紫、深褐等色，加强了画面的主次关系。永乐宫壁画不仅是我国绘画史上的杰作，在世界绘画史上也是罕见的巨制。

→ 永乐宫三清殿扇面墙东侧南极长生大帝所戴十二旒冕上的带子长达3米多

永济董村戏台

位于永济市卿头镇董村

主要看点

+ 戏台屋顶有 9 根吊柱，其中 5 根为垂莲吊柱、4 根为半圆形吊柱。中间的柱头为盛开的双层莲花，柱头上木雕蜂窝；前后台柱头的莲花含苞待放。“悬梁吊柱”在装饰屋顶的同时，通过 4 根由戗把屋顶的重力均匀分解到四处；

+ 穹形的屋顶以及木雕的蜂窝充分吸收演员演唱的声音，经过屋顶和双层莲花的折射，再将声音以更大的分贝传送到戏台周围；

+ 为了防潮，在西侧柱子的柱础上设计了排水槽，在两侧和后檐的柱子底部设计了排湿孔。

↑ 董村戏台

↓ 董村戏台屋顶结构

董村戏台创建于元至治二年（1322），清乾隆十六年（1751）、嘉庆二十年（1815）两次重修。虽然经过清代的两次重修，但戏台的元代建筑形制、结构未变。戏台面阔三间，进深四椽，单檐歇山顶。屋顶举折平缓，屋檐弧线优美，角柱侧脚、生起明显。戏台东西长 11.2 米、南北宽 10.06 米。前檐铺作为五铺作双昂，当心间出 45° 斜拱。两山面铺作为五铺作双杪。4 根角柱上置 4 根粗大的额枋，前、后檐的额枋粗大，由一根大原木一分为二，4根额枋上置斗拱承托屋顶。为了台下观众更好地观看演出，前檐的明间柱子外移，靠近两角柱。当心间的两根柱子是清代重修时所加。角柱与明柱之间原来用墙体封闭，乐队隐于墙后。在戏台后部 1/3 处设辅柱两根，辅柱之间用 6 扇隔板将戏台分为前、后台，两侧有隔扇门供演员出入，分设前、后台也是清代所为。屋顶梁架设计精巧，不设大梁，4 根抹角梁承重。在屋顶有 9 根吊柱，其中 5 根为垂莲吊柱，4 根为半圆形吊柱。中间的柱头为盛开的双层莲花，前后台柱头的莲花含苞待放。这种“悬梁吊柱”结构，既是一种装饰，也通过 4 根由戗把屋顶的重力均匀分解到四处。穹形的屋顶充分吸收演员演唱的声音，经过垂花构件的折射，再将声音以更大的分贝传送到戏台周围。

为了防止雨水对角柱形成侵蚀，在角柱的柱础上设计了排水槽。

↑ 董村戏台角柱侧脚、生起明显

↓ 董村戏台垂柱上的双层莲花与木雕蜂窝莲花

← 董村戏台西侧角柱柱础上的排水槽

永济普救寺塔

位于蒲州古城东3千米

主要看点

+ 寺内建于明代的“莺莺塔”形制古朴典雅，为密檐式砖塔，仍然保留了唐塔的一些特点和风格，而且以奇特的结构、神奇的回音效果著称于世；

+ 7层以上的层距骤然缩小，收分急促。

↑ 普救寺莺莺塔

普救寺是唐代武则天时期建造的一座名刹。唐代诗人元稹的传奇小说《莺莺传》所描写的爱情故事就发生在这里。唐代的普救寺毁于明嘉靖年间的地震。因为普救寺丰富的内涵和天下皆知的知名度，地震 10 年之后，一座新的普救寺又在峨嵋塬上拔地而起。20 世纪抗战期间，寺内起火，除佛塔之外，明代重修的普救寺又变为废墟。

→ 普救寺莺莺塔塔檐特写

由于普救寺是《西厢记》中莺莺与张生爱情故事的发生地，这座塔也被人们称为“莺莺塔”。莺莺塔不仅形制古朴典雅，而且以奇特的结构、神奇的回音效果著称于世。游人在塔侧以石叩击，塔内会发出清脆悦耳的蛤蟆叫声，令人称奇，方志中称之为“普救蟾声”。莺莺塔为四方形空筒式结构，系明代重修的一座密檐式砖塔，仍然保留了唐塔的一些特点和风格。塔高 39.5 米，13 层，底层每边长 8.35 米。第一层至第六层的层距较大，7 层以上的层距骤然缩小，收分急促。莺莺塔是明代密檐式中空砖塔的典型代表。该塔同北京天坛的回影壁、河南宝轮寺内的佛塔、重庆潼南区大佛寺内的“石琴”，并称为中国现存的四大回音建筑。

莺莺塔产生蛙声回音的原因：一是该塔的建筑材料表面光滑，好似涂了釉料，对声波具有良好的反射作用；二是塔檐非常特殊，每层塔檐都有一个向内弯曲的弧度，入射到每层塔檐的声波被全部反射后，声音再经过叠加、汇聚，最后使回音增强，有时能使声音拖长、频率发生变化，使敲击石块的声音变成蛙鸣。

永济万固寺

位于永济市蒲州镇古辛庄

主要看点

+ 多宝佛塔为八面八角形，塔身一层的垂莲柱、莲花雀替雕刻细腻，形象逼真；
+ 无梁殿是国内最大的双层砖砌无梁殿之一，殿内砖砌的类似穹窿顶的藻井十分漂亮。

→ 万固寺多宝佛塔

万固寺创建于北魏，唐大中八年（854）重建，明万历年间重修，古称“中条第一禅林”。现存建筑有多宝佛塔、无梁殿、药师洞。

明嘉靖三十四年（1555），蒲州一带发生大地震，寺院内的建筑大多坍塌，唯有多宝佛塔屹立不倒，但已经发生倾斜。万历十二年（1584）重修寺庙，10 年后竣工。现存的多宝佛塔就是明代万历年间重修的。该塔为八面八角形，密檐式，共 13 层，通高 54.66 米。塔身外表装饰有精美的砖雕斗拱和密檐，塔顶为八角攒尖式。一层塔檐仿木构，转角处施垂花柱，柱间以大额枋、普拍枋相连，施莲花垂柱。雀替雕刻细腻，形象逼真。塔每面施补间铺作 3 朵，均为五铺作双杪。二层以上叠涩塔檐向外挑出，每层正面设门，其他面设窗。日军侵华时，曾用大炮在山下轰击多宝佛塔，有一炮击中塔身，但塔身并无大碍，至今当年遭受炮击的痕迹犹存。

← 万固寺多宝佛塔，塔身一层的垂莲柱、雀替

↑ 万固寺无梁殿

← 万固寺无梁殿斗拱、垂莲柱

→ 万固寺无梁殿穹窿顶藻井

无梁殿面阔五间，宽 32.42 米，上下两层，总高 15.31 米，券洞歇山式。内部没有中国传统木构的梁架结构，无梁无柱，全部用砖砌成，故称无梁殿，是国内最大的双层砖砌无梁殿之一（全国仅有 4 处）。殿内的中间三间砖砌层层向上、直径逐渐缩小的斗拱，类似穹窿顶，形成 3 个藻井，藻井上面再用青砖券顶作为屋脊。无梁殿的内外建筑表面仿木结构，柱、枋、檐、铺作、椽和飞椽等应有尽有，屋顶覆盖蓝色和橘黄色的琉璃瓦，色彩艳丽。

运城泛舟禅师塔

位于运城市盐湖区寺北曲村

主要看点

+ 泛舟禅师塔是我国现存唐代单层圆形砖塔中的代表作品，在塔檐的设计上独具特色，具有十分珍贵的学术价值；

+ 塔身、塔檐的制作工艺精湛，砖与砖之间的接缝几乎看不见，塔身具有石刻的效果。

↑ 泛舟禅师塔

据塔铭记载，该塔建造于唐贞元九年（793）。寺内其他建筑早已被毁，仅存该塔。该塔的形制为圆形单层，通体砖砌，通高10米，由塔基、塔身、塔刹三部分组成，每部分高度约占1/3。塔基由下而上略有收分。塔身下部为束腰须弥座，束腰部有一周蜀柱，蜀柱之间排列密集的壸门佛龛。须弥座上为塔身，周围设8根方形砖柱将塔身分作8间。正南面辟门，东、西两面为假门，四角雕直棂窗。塔身北面嵌高1米、宽0.73米的碑铭，记载建塔的经过。铭文题为“安邑县报国寺故开法大德泛舟禅师塔铭”，这块塔铭是我国古代罕见的从左往右竖行书写的实例。塔身部分的对接工艺高超，砖与砖之间几乎做到无缝对接，使得塔身具有石刻的效果。塔身的上部为多达11层的叠涩式塔檐，塔檐的制作工艺精湛。塔檐的底部为环绕一周的砖雕菱角牙子，檐部雕有椽、飞椽、勾头、滴水，塔檐稍大于塔座，远观似一座亭子。塔檐上又有10多层反叠涩收缩至塔刹基座下的露盘。塔刹饰蕉叶、覆莲、仰莲、火焰、宝珠。该塔为我国唐代单层圆形砖塔中的代表作品，塔体造型古朴、端庄秀丽，在塔檐的设计营造上独具特色，具有十分珍贵的学术价值。

塔刹特写

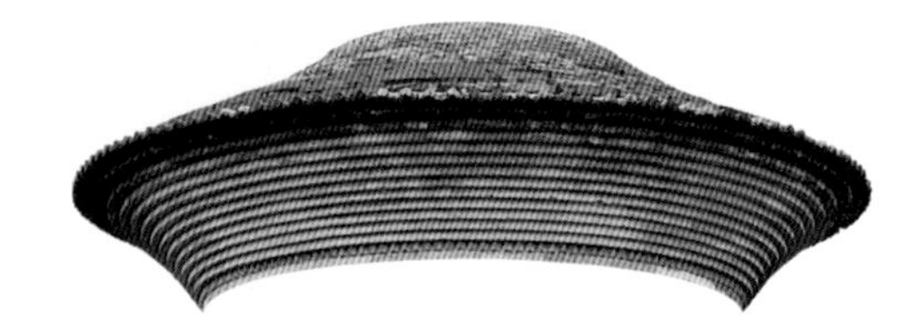

塔檐特写

须弥座与塔身

解州关帝庙

位于运城市盐湖区解州镇，是全国最大的关帝庙，被誉为『武庙之祖』『武庙之冠』

主要看点

+ 御书楼坐落于较高的台基之上，3 层飞起的翼角和前面抱厦上的翼角构成了这座楼阁式建筑灵动欲飞的效果；

+ 御书楼的明间前后均出抱厦，前抱厦 1 间，后抱厦 3 间，后檐抱厦大于前檐的形制罕见；

+ 崇宁殿四周的石栏板上有数以百计的浮雕；

+ 春秋楼建筑结构奇特，“悬梁吊柱”的方法在大型建筑实物中极为少见；

+ 春秋楼二楼屋顶的藻井结构奇特，为国内孤例。

解州关帝庙重修于清代，整个建筑按宫殿式建制分布，中轴对称、布局严整，宛如一座宫城。关帝庙分前院和后宫两部分。前院中轴线上的建筑，按照从前往后的顺序，依次是照壁、端门、雉门、午门、“山海钟灵”牌楼、御书楼、崇宁殿。

在“山海钟灵”木牌楼之后，有一座宏伟的建筑——御书楼，原名“八卦楼”。康熙年间，康熙皇帝到此拜谒关帝，在八卦楼内御书“义炳乾坤”四字。乾隆年间，将“义炳乾坤”御匾移至崇宁殿悬挂，把八卦楼改称“御书楼”，以纪念康熙皇帝在此御书匾额。御书楼为二层楼阁，三重屋檐，四面滴水，歇山式屋顶。整座建筑坐落于较高的台基之上，3 层飞起的翼角和前面抱厦上的翼角构成了这座楼阁式建筑灵动欲飞的效果。御书楼四周设有石雕围栏，由 30 根望柱和 28 块栏板组成。望柱的柱头雕刻有狮子、猴子、仙鹤、童子、仙桃、金瓜等，造型生动。栏板上的图案为高浮雕，雕刻有麒麟、兔子、荷花、牡丹等动植物图案，还有“加官晋爵”“封侯挂印”“青云直上”“富贵安康”等人物组图。

御书楼的明间前后均出抱厦，前抱厦 1 间，后抱厦 3 间。古建筑中的抱厦，或仅设前檐而不设后檐，或前檐大、后檐小，或前后檐相等，像御书楼这样后檐抱厦大于前檐抱厦的形制罕见。这是因为御书楼的后面是关帝庙的主殿崇宁殿，后抱厦原为演戏的乐楼，乐楼移建之后，保留了原来的建筑。

关帝庙的主殿崇宁殿，因宋徽宗崇宁年间封关羽为“崇宁真君”而得名。崇宁殿面阔七间，进深六间，重檐歇山顶。殿周回廊有 26 根雕龙石柱，龙头向上盘绕柱身，蟠龙姿态各异。大殿四周的石栏板上有数以百计的浮雕，十分壮观。大殿檐下悬挂着清乾隆帝书写的“神勇”巨匾，门楣上悬挂着咸丰帝书写的“万世人极”匾，殿内关帝神龛上悬挂着康熙帝书写的“义炳乾坤”匾。清代 3 位皇帝为关帝庙题写匾额，可见朝廷的重视程度。

从建筑布局上来看，在关帝庙的中轴线上，在到达主殿崇宁殿之前，先后经过了端门、雉门、午门、“山海钟灵”牌楼。这样的处理手法，渲染了主殿的重要地位，使人们在进入主殿之前就感到了肃穆的气氛。

关帝庙后宫的建筑以“气肃千秋”坊、春秋楼为中心，左、右有刀楼、印楼对称而立。

↑ 关帝庙御书楼

↓ 关帝庙御书楼石栏板石雕局部

↓ 关帝庙崇宁殿

← 关帝庙崇宁殿回廊的雕龙石柱
→ 关帝庙“气肃千秋”坊

春秋楼是庙内最高的建筑，高 23.4 米，清代同治九年（1870）重建。春秋楼建于台基之上，面阔七间，进深六间。台基前有 18 块石栏板，左右各 9 块。栏板的正反两面均雕有精美浮雕，内容涉及草木花卉、山水景观、民间故事等。春秋楼有三绝：第一绝，建筑结构奇特，上层回廊的廊柱悬空，廊柱的柱头雕成垂莲，原本应该承重的廊柱因为悬空形成“吊柱”，承重主要靠下层的大梁，这种建筑手法称作“悬梁吊柱”，常见于小木作神龛，大型建筑实物中极为少见；第二绝，进入第二层，有神龛暖阁，正中有关羽侧身夜读《春秋》像，阁子的板壁上，正楷刻写着《春秋》全文；第三绝，春秋楼二楼屋顶上的 3 眼藻井，中间的一个藻井是凹进去的，两旁的是凸出来的，由数百个榫卯结构环环相扣形成，据说是用了 8 年的时间才雕凿而成。两侧凸出来的藻井昂嘴四周悬空，靠中间的雷公柱来支撑。藻井的昂嘴分为上下 7 层，每层的昂嘴数量由下往上逐渐增加，最上的一层加到 11 个昂嘴，整个藻井犹如一束盛开的花朵垂于梁架间，精巧华丽，这在我国古代藻井建筑中是孤例。

↑ 关帝庙春秋楼的吊柱

↓ 关帝庙春秋楼藻井

夏县司马光祠余庆禅院大殿

位于夏县司马光祠内，是司马光家族墓地香火院中的建筑

主要看点

+ 大殿前檐柱头铺作用八瓣海棠栌斗，为古建筑中的孤例；
+ 大殿的平梁之上有双叉手，这是我国现存古建筑中使用双叉手的较早实例；
+ 殿内的彩塑佛像都有胡须，是唐代以后的寺院彩塑中较早出现的风格。

↑ 司马光祠余庆禅院大殿，前檐柱头铺作用八瓣海棠栌斗

↓ 司马光祠余庆禅院大殿，平梁之上有双叉手

→ 司马光祠余庆禅院大殿宋代彩塑（摄影：刘国华）

余庆禅院创建于北宋治平二年（1065），现仅存大殿一座。我国历史上的陵园香火寺院大都荡然无存，唯有司马光家族墓地的余庆禅院，历经千年，香火不绝。

余庆禅院大殿，单檐悬山顶，面阔五间，进深六椽，有一排前廊。柱间有阑额，阑额之上有普拍枋。前檐柱头铺作为四铺作单杪，铺作用八瓣海棠栌斗，为古建筑中的孤例。无补间铺作。大殿的梁架为四椽栿前后劄牵用四柱，四椽栿与平梁之间用驼峰。平梁之上有双叉手，两组叉手相贴，形成复合双叉手，这是我国现存古建筑中较早使用双叉手的实例。殿内保存有精美的宋代彩塑，彩塑佛像颇具特色，佛像都有胡须，这是唐代以后的寺院彩塑中较早出现的风格。

万荣稷王庙

位于万荣县太赵村，在稷王山西北

主要看点

+ 正殿是我国现存唯一的一座北宋庑殿顶建筑，也是国内现存最早的、建筑等级最高的稷王庙建筑；
+ 前檐柱头铺作为五铺作双昂一跳偷心、二跳直昂，是铺作直昂造的最早实例；
+ 殿内无一般建筑中的通长大梁承托；
+ 平梁上使用双叉手，是现存古建筑中最早使用双叉手的实例；
+ 托脚斜戗剳牵头支撑平槫，开托脚撑平槫之先例。

↑ 稷王庙大殿

← 稷王庙大殿外檐斗拱

→ 稷王庙大殿托脚斜戗劄牵头支撑平槫

← 稷王庙大殿屋顶结构没有用通长大梁，采用了复合叉手

正殿面阔五间，进深六椽。正殿的木构部分为北宋遗存，近年来在无梁殿发现有墨书题记 “天圣元年”的字样。天圣元年为公元 1023 年，距今 1000 年。稷王庙正殿的建筑形制十分独特，殿内无一般建筑中的通长大梁承托，俗称“无梁殿”。该殿是我国现存唯一的一座宋代庑殿顶建筑，也是国内现存最早的、建筑等级最高的稷王庙建筑。梁思成先生曾遗憾未见到北宋庑殿顶建筑遗存，万荣稷王庙的发现，弥补了这一缺憾。正殿屋顶的厦坡很长，远远望去，大殿就像一把撑开的大伞。根据山西古建筑研究院院长路易的观点，现存的大殿在明代重修时对屋顶的举折进行了改动，宋代屋顶的举折要比现在看到的平缓，外观更加飘逸。大殿的铺作很有特色，柱头铺作硕大。外部铺作的昂头形制上直下卷，下昂曲线优美。柱头铺作为五铺作双昂一跳偷心、二跳直昂，是铺作直昂造的最早实例。大殿的梁架为平梁、前后乳栿用四柱，乳栿与劄牵之间使用梯形驼峰。平梁上使用双叉手，是现存古建筑中最早使用双叉手的实例。内侧叉手用材规整、硕大，叉手顶部承托于捧节令拱；外侧叉手用材弯曲、细小，其顶部承托于脊槫下。托脚斜戗劄牵头支撑平槫，开托脚撑平槫之先例。无论是屋顶形态，还是内部的梁架、斗拱结构，万荣稷王庙都独具特色。该建筑比《营造法式》的成书时间（1103 年）还要早 80 年，《营造法式》中的许多构造在这里都有呈现，证明了《营造法式》与秦晋豫黄河三角地区建筑的渊源关系。

万荣飞云楼

位于万荣县城的西街

主要看点

+ 全楼 345 组铺作密集排列，32 个檐角宛若盛开的花瓣。各檐翼角翘起，势欲飞翔；

+ 第二、第三层的屋檐在四面都出现一个歇山顶抱厦，木楼的外立面由此打破了单一的直线直角，这两层抱厦的形制是飞云楼夺人眼球的关键。

飞云楼重修于清代乾隆年间。据乾隆年间的《重修飞云楼碑记》所云："县坐落孤峰半山，崇岗峻岭，形势陡隘，而东北一带地方最下，非有岳庙之巍峨、高楼之耸峙，无以培其岗脉、聚集风气。则庙之所系綦重，而楼之所关尤不小也。"唐代设立的万泉县城在孤山北坡，虽然形势险要，但地势北低南高，不符合风水地理的要求，为了解决这一问题，古人在万泉县城之北修建三座象征泰山的东岳庙与巍峨的孤峰山相呼应。三座东

↑ 飞云楼第二、第三层的檐角由一个变为三个

↓ 飞云楼第三层的歇山顶抱厦

↑ 飞云楼檐角与铺作近景（摄影：李文博）

岳庙在地理方位上形成一个倒三角形，北边的两座分别建在东张翁村、解店镇，南边的一座建在万泉县城北门外。在解店镇的东岳庙中修建高耸的飞云楼，是因为这里的地势最低，建高楼在风水地理上予以完善。该楼平面呈方形，纯木结构，没有使用一个铁钉。楼明三层暗五层，高 23.19 米。三层四出檐，十字歇山顶，面阔、进深各五间，中央 4 根通天柱高 15.45 米，四周 32 根木柱构成棋盘式。第一层的屋檐出跳很远，像一只巨型手掌把上面的几层楼阁托起；第二层有一个暗层，其平面变为折角十字；第三层也有一个暗层，其屋顶外观与第二层相似；第四层屋檐的出跳远于第二、第三层屋檐，十字歇山屋顶。第二、第三层的屋檐在四面都出现一个歇山顶抱厦，使得这两层的每一面檐角都由 1 个变为 3 个，与底层屋檐、顶层屋檐有了明显的曲线变化，木楼的外立面由此打破了单一的直线直角，出现了曲折玲珑的檐角，可见这两层抱厦的形制是飞云楼夺人眼球的关键。全楼 345 组铺作密集排列，有 4 层屋檐、12 个三角形屋顶侧面、32 个檐角，转角铺作宛若盛开的花瓣。各檐翼角翘起，势欲飞翔。楼顶饰有黄、绿、蓝彩色琉璃瓦，阳光之下，更显富丽堂皇。其结构之巧妙、造型之精美、外观之壮丽，堪称我国木结构楼阁建筑之杰作，远胜于各地常见的钟、鼓楼建筑，被誉为“中华第一木楼”。因为飞云楼壮丽无比，喧宾夺主，它的大名几乎替代了东岳庙，人们只知飞云楼，而不知东岳庙，庙内的其他建筑也因之黯然失色。

万荣后土祠

位于万荣县西的黄河之滨

主要看点

+ 祠内的戏台由“前一后二”3座戏台连缀排列，形成品字形格局，为全国孤例；
+ 祠内保存的金代“后土祠庙貌碑”石刻，在中国古代建筑史上具有十分重要的学术价值；
+ 献殿、正殿的雕刻艺术巧夺天工、华丽精彩，是清代后期晋南地区古建筑雕刻的代表；
+ 秋风楼的斗拱结构古朴精美，形制巍峨劲秀。

现存的后土祠，东西宽 105 米、南北长 240 米，占地面积 2.5 万平方米。祠内建筑有山门，舞台，东、西五虎殿，献殿，正殿，秋风楼等，布局严谨、结构合理。和唐宋时期相比，现在的后土祠规模要逊色不少，但仍不失为一处庞大而辉煌的古代祠庙建筑群。

祠内的戏台由“前一后二”3 座戏台连缀排列，形成品字形格局，为全国孤例，至为珍贵。从声学原理来看，3 座戏台距离很近，如果处理不好音响效果，就会互相影响。当年在建造品字形戏台时，充分考虑了声音的直射、反射等声学原理，我们不能不佩服古人的智慧。品字形戏台的前面一个戏台，俗称过路戏台，平时是山门，唱戏时在高处放上木板，就成为戏台。每逢庙会，台上唱戏，台下走人。当年东台唱蒲剧、西台演秦腔、过亭台则是豫剧，哪个戏台的戏好，观众便涌到哪个台下喝彩观看，这也是中国戏剧史上的一个奇观。品字形戏台中的佛家戏台（东台）、道家戏台（西台）的额枋及额枋以上的木雕，采用透雕技法，刀工精湛、线条流畅、造型优美。佛家戏台的斗拱之下，彩绘人物依稀可见。

→ 后土祠品字形戏台

后土祠内保存的宋代碑刻《汾阴二圣配飨铭》，是由宋真宗亲自撰写并书丹的碑刻。我国古代由皇帝书丹的碑刻并不多见，因而此碑是中国古代名碑之一。

金天会十五年（1137），荣河县知县张维将后土祠的建筑全貌立石镌刻，即“后土祠庙貌碑”。这次刻石距1087年宋代维修后土祠刚50年，所呈现的就是宋真宗祭祀后土时的建筑规模（1087年增建了唐明皇碑楼、宋真宗碑楼、4个角楼）。这方石刻在中国古代建筑史上具有十分重要的学术价值。从碑刻来看，整个后土祠建筑群西临黄河、北依汾水。中轴线上的建筑依次为：棂星门、太宁庙、承天门、延禧门、坤柔门、坤柔殿、寝殿、配天殿、扫地坛。根据庙貌碑的图示，宋代的汾阴后土祠，“南北长七百三十二步，东西阔三百二十步”，约合南北长1207米、东西宽528米，占地面积约64万平方米。就长度、宽度而言，宋代的后土祠占地面积是现在的25倍，和明清北京故宫的面积差不多，当时称为海内“祠庙之冠”。

从金代的碑刻可以看出，寝殿与坤柔殿之间，以廊屋连成工字形平面，与北宋东京汴梁的宫殿大致相同。院内两侧各有3殿，左面从南到北为五岳殿、六丁殿、天王殿，右面从南到北为真武殿、六甲殿、五道殿。刘敦桢先生主编的《中国古代建筑史》“宋辽金时期的建筑”的“祠庙及寺塔经幢”一节说，这种工字形殿和两侧斜廊及周围回廊相组合的方式，是这个时期出现而影响后代建筑的一种布局方法。北京故宫的太和殿周围，在明代是廊庑环绕的形式，殿的两侧也有斜廊，其制度与上述例子相同。这种利用连续的回廊以衬托高大的主体建筑，形成相当开阔而又主次分明的空间效果，是后来中国古代建筑常用的手法。

宋代的后土祠建筑布局，在到达主殿坤柔大殿之前，人们要通过近1000米的五门五院：棂星门、太宁庙门、承天门、延禧门、坤柔门，这样的处理手法，渲染了后土之神的重要地位，使人们在进入坤柔殿之前就感到了庄严的气氛。明清北京故宫的中轴线上，依次为大

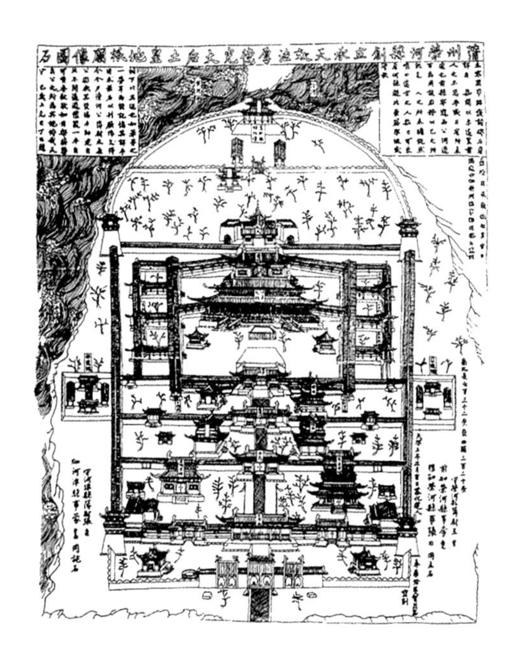

↑ 金代刊刻的宋代后土祠庙貌碑

↑ 后土祠正殿精美的木雕

↓ 后土祠献殿西侧山墙砖雕

↓ 后土祠献殿北檐的 3 层木雕

清门、天安门、端门、午门、太和门，在到达主殿太和殿之前，也要通过五门五院。可以看出，明清北京故宫的建筑布局与北宋汴梁的宫殿建筑布局、汾阴后土祠的建筑布局有渊源关系。

献殿、正殿是祠内建筑的精华，建筑工艺精巧，木雕艺术可谓巧夺天工、光彩夺目。在献殿内，有 4 个拱形门洞，门洞上方的匾额和砖雕，简单而别致。献殿东、西山墙的正面有精致的砖雕，西侧山墙最下层的砖雕别具匠心，在洞口雕刻着一只展翅的蝙蝠，好像正要从洞中飞出。献殿与正殿之间有过亭相连。正殿前廊檐下的木雕形式多样、内容丰富、华丽精彩，是清代后期晋南地区古建筑雕刻的代表。正殿前的柱础石雕也颇有特色，在有限的空间内安排了 5 层石雕，采用了浮雕、圆雕、平雕等多种技法。

秋风楼位于祠内的最北端，因藏有汉武帝《秋风辞》碑刻而得名。楼高 32.6 米，下部为一高大的台基，东西穿通。楼分 3 层，四周有回廊。楼身比例适度，檐下斗拱结构古朴精美，形制巍峨劲秀。秋风楼的挑角十分漂亮，每个挑角上都有一个精致的武士塑像。

稷山青龙寺

位于稷山县城之西4千米的马村

主要看点

+ 立佛殿、大雄宝殿的元代壁画艺术价值极高，永乐宫壁画受青龙寺壁画影响的可能性很大；
+ 大雄宝殿的南壁有一幅《吉祥天女》，天女面容娇美、眼睛传神，虽然历经六七百年，脸上的腮红犹存；
+ 大雄宝殿南拱眼壁有一幅《唐僧取经图》，这是中国古代壁画中首次独立成幅的《唐僧取经图》。

↑ 青龙寺立佛殿西壁神像右侧局部（摄影：伊宝）
↓ 青龙寺立佛殿西壁神像左侧局部（摄影：伊宝）

寺院坐北朝南，现存建筑系元、明遗存。寺院沿中轴线的建筑依次为山门（天王殿）、立佛殿、大雄宝殿。立佛殿和大雄宝殿都是单檐悬山式，均为元代建筑，立佛殿重建于至元二十六年（1289），大雄宝殿重建于至正十一年（1351）。

青龙寺的元代壁画艺术价值极高。立佛殿四壁为水陆画，是青龙寺壁画的精华所在，其绘制时间可能在芮城县永乐宫壁画之前。永乐宫壁画与青龙寺立佛殿的壁画风格相近，永乐宫壁画受青龙寺壁画影响的可能性很大。立佛殿内的壁画面积近 130 平方米，共有人物 300 多个。北壁上部为十八罗汉，下部为十殿阎君、六道轮回等。东壁的壁画已经十分模糊。南壁有贤妇烈女等。西壁壁画上的人物众多，但画面布局合理，人物形象从上到下分布在几个层面，三五人或七八人一组，既独立成幅，又互相关联，并没有杂乱之感。第一层是释迦牟尼佛等 3 尊佛像，第二层是弥勒菩萨、地藏菩萨等 4 尊菩萨像，第三层是北斗七星、南斗六星、天龙八部、元君圣母等 11 组神像，第四层是四海龙王、护法善神等 12 组神像。从画面上的人物造型、衣服的褶皱，到一笔到底的长长线条，都可以看出画家的技艺很高，笔力遒劲、线条流畅。壁画上的人物造型优美、色彩协调、形象逼真、栩栩如生。在构图上也匠心独运，如在四海龙王这一组神像右下角，画了一个手持东西的人，应该是正在给龙王报告人间的旱情。

大雄宝殿的壁画，主要画于殿内的东壁和西壁。东壁为《佛说法图》，释迦牟尼面容慈祥，端坐中央，文殊、普贤二菩萨分居左右，阿难、迦叶二弟子在前边站立，左右排列护法金刚，后边有听法的部众。文殊菩萨、普贤菩萨都戴着精美的花冠，身上的法衣薄如蝉翼、飘然下垂，颇具美感。两位菩萨身上的璎珞和衣服上的花饰繁丽、精美绝伦。迦叶的面容清瘦，具有明显的胡人特征，面部、胸前、手臂的骨骼都表现得十分明显，整个人物形象富有沧桑感。一名手持箭矢的护法金刚也刻画得十分细腻，头盔和身上的铠甲都做了细致的描绘，细细的眉毛、胡须都很细腻地描绘出来了。画面上琼楼玉阁，气势宏大、蔚为壮观。

在大雄宝殿南拱眼壁有一幅《唐僧取经图》，壁画尺寸长 0.85 米、高 0.6 米。画面上有唐僧、一弟子、孙悟空和白马，但没有猪八戒、沙僧，说明在元代的唐僧取经故事中，还未出现猪八戒和沙僧这两个角色。走在前面的是玄奘大师，身材魁梧，五官清秀，双手合十，身穿袖口宽大的长袍，外披赭石色袈裟。唐僧身后跟一僧人，身材略显清瘦，双手合十，亦穿宽袖长袍，斜披黄色袈裟，腰间系黑带。走在最后的牵马人相貌似猴子，面孔扁平，他应该是后来《西游记》中孙悟空的原型，他右手牵马、左手放于胸前，头部戴一紧箍，身穿蓝色圆领窄袖上衣、白色裤子，腰中系布巾，裤子的小腿处收紧，类似绑腿。白马身上有不少装饰物，脖子上系着铃铛，莲花形的鞍鞯下方有细致的装饰物，马背上的经书光芒四射、色彩丰富。白马的右后腿高抬，很有动感。《唐僧取经图》最早见于敦煌西夏洞榆林窟壁画，但没有独立成幅，青龙寺这幅壁画是中国古代壁画中首次独立成幅的《唐僧取经图》，艺术价值、史料价值极高。画面中的孙行者的装束，与敦煌壁画中孙行者的装束相比已经发生变化，头部的紧箍明显，是明代之前关于孙行者形象的重要绘画作品。这幅作品绘制于元代末年，比明代中期成书的《西游记》早将近百年，因此青龙寺《唐僧取经图》对《西游记》的研究也有着重要价值。

大雄宝殿西壁为《弥勒说法图》，正中为弥勒佛，左右为观音菩萨和地藏菩萨。弥勒佛的下部，画有善财和龙女。在弥勒佛的左上方和右上方，画有人首鸟翅的伽楼罗护侍，手捧果盘，乘云飞翔，长长的尾翎飘逸，极富动感。在 3 尊主佛西侧，画有《梵摩越（弥勒佛的

↑ 青龙寺大雄宝殿东壁·阿难（左）、迦叶（右）（摄影：伊宝）

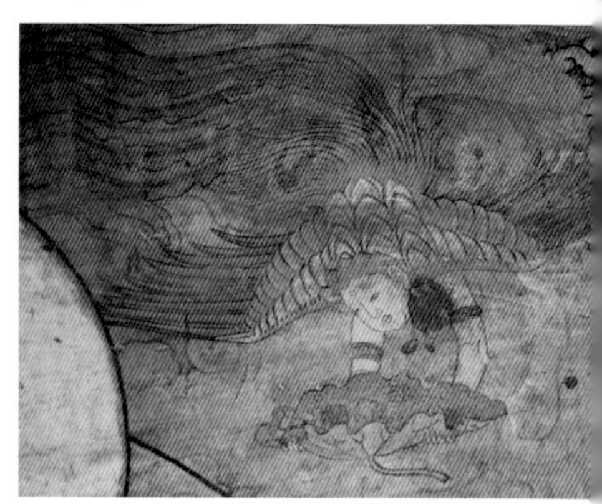

→ 青龙寺大雄宝殿南壁·吉祥天女（摄影：伊宝）

← 青龙寺大雄宝殿南拱眼壁《唐僧取经图》（摄影：伊宝）

← 青龙寺大雄宝殿西壁左侧人首鸟翅的迦楼罗（摄影：伊宝）

母亲）剃度图》，被剃度的女子服饰华丽、长发披肩、双手合十。

大雄宝殿东壁和西壁所画的人物不多，给绘画者提供了更大的创作空间。画面上许多五六尺长的线条都是一气呵成，画家对线条的把控能力，完全可以和永乐宫壁画的绘制者相媲美。

大雄宝殿的南壁有一幅《吉祥天女》，天女面容娇美、眼睛传神，虽然历经六七百年，脸上的腮红犹存，被称为青龙寺中最漂亮的人物画。

著名壁画研究专家潘絜兹先生对青龙寺壁画评价很高："中国保存有壁画的地方很多，其突出的有河北毗卢寺、山西芮城永乐宫、新绛稷益庙和稷山青龙寺等，这些壁画都很精湛，其中青龙寺壁画又略胜一筹。"

稷山稷王庙

位于稷山县城内

主要看点

+ 献殿前、后檐下有大量的反映古代农耕文化的木质浮雕，是研究我国农耕文化的珍贵资料；

+ 后稷楼前廊有两根浮雕盘龙石柱。浮雕的高度达10厘米左右，龙爪的雕刻颇见功力，代表了中国古代石雕工艺的最高水平。

↑ 稷王庙鼓楼、献殿、后稷楼

↓ 稷王庙献殿西次间雀替木雕·夏收图之一

稷山稷王庙重修于清代。献殿前、后檐下的额枋为木质浮雕，前檐明间额枋的木雕是后稷教民稼穑，东次间额枋木雕是春天耕作播种的场景，西次间额枋木雕是农民收获庄稼的场景。木雕形象逼真、造型生动、线条流畅。画面上，有教民稼穑的稷王，辛勤播种、收获的农夫，体格壮硕的黄牛，碾打谷物的碌碡、扇车。在西次间的夏收木雕作品中，一个农夫正手摇扇车，前面的一位农夫手里拿着簸箕，踩在一个凳子上，站在一侧操作，而不是像现在的人们坐在扇车顶部操作，这些都是研究我国农耕文化的珍贵资料。

后稷楼建在 2 米高的台基上，楼阁式重檐歇山顶，屋顶有彩色琉璃。楼高 30 米、东西长 20 米、南北宽 19 米，面阔、进深均为五间，四周有 3 米宽的环廊，环廊有 20 根雕花石柱。前廊有两根浮雕盘龙石柱，用整块石头雕刻而成，工艺十分精湛。两条石雕巨龙，周长 123 厘米。东边的一条是水龙，云腾浪涌，龙飞海上；西边的一条是火龙，火焰熊熊，飞龙穿腾。柱础高 52 厘米，周长 156 厘米。这两根石柱的雕刻艺术，较之北京故宫和解州关帝庙的盘龙石柱，雕刻艺术技高一筹，浮雕的高度达 10 厘米左右，龙爪的雕刻颇见功力，代表了中国古代石雕工艺的最高水平。后稷楼的后廊柱石雕为龙凤雕刻和龙虎雕刻。环廊外围以 52 块雕花石板构成屏风形栏杆。每块石栏板高 74 厘米、宽 90 厘米，栏板图案雕有山水、人物、花卉、飞禽、走兽等，内容为二十四孝、八仙过海、渔樵耕读、松鹤延年等。后稷楼一层明间雀替木雕的雕工精湛，图案也很有特色，为“二龙捧福”，两条龙之间雕刻一只展翅欲飞的蝙蝠。

↑ 稷王庙后稷楼前廊浮雕盘龙石柱，东侧水龙（左）、西侧火龙（右）

↓ 稷王庙后稷楼前廊浮雕盘龙石柱水龙龙爪特写

新绛白台寺

位于新绛县古交镇光马村

主要看点

+ 因为院内地势高于院外，在院外看到的法藏阁是一座楼阁式建筑，在院内看到的则是一座面阔三间的大殿，造成前殿后阁的奇特形式；

+ 释迦殿重建于金代，斗拱形制有创新，令拱两头做成昂形，为古建筑中的特例。

寺内现存主要建筑有法藏阁、释迦殿、后大殿等。法藏阁依土崖而修，金代创建，元代重修，面阔三间，进深六椽，为二层楼阁式建筑，二层设勾栏平坐，屋顶是“三滴水”式悬山顶。建筑第一层在坡下，第二层平坐下施粗大的额枋，为元代重修时所置。第二层在坡上的院子里，院内开门。因为院内地势高于院外，在院内看到的法藏阁是一座面阔三间的大殿，造成前殿后阁的奇特形式。大殿因地制宜，形制壮丽。法藏阁二层补间铺作使用了少见的翼形令拱。

释迦殿重建于金代，面阔三间（当心间的面阔为两次间面阔的两倍），进深四椽，单檐歇山顶。檐下阑额不出头，普拍枋出头。前檐柱头铺作为四铺作单昂计心造，当心间补间铺作一朵，为四铺作单昂计心造，令拱两头做成昂形（后檐当心间补间铺作的令拱也是昂形，但与前檐的昂形令拱有区别），为古建筑中的特例。昂形令拱在稷山县的宋金墓5号墓南壁砖雕中曾出现过，这是晋南地区在斗拱形制方面的区域特色。

← 白台寺法藏阁二层补间铺作使用了翼形令拱

→ 白台寺释迦殿前檐当心间补间铺作的昂形令拱

↑ 从院外看白台寺法藏阁

↓ 从院内看白台寺法藏阁

新绛福胜寺

位于新绛县城西北17千米的光村

主要看点

+ 弥陀殿内塑有阿弥陀佛及胁侍观音菩萨、大势至菩萨，整组塑像造型优美、比例协调、色彩富丽，有雍容华贵之气，唐宋遗韵明显；

+ 弥陀佛宝座背后的悬塑渡海观音，被誉为“中国最美渡海观音塑像”。

→ 福胜寺弥陀殿内的阿弥陀佛及胁侍观音菩萨、大势至菩萨

福胜寺现存主要建筑为元代遗构，但彩塑作品具有宋代风格。

弥陀殿，重檐歇山顶，五铺作双下昂斗拱，面阔、进深各五间，四周围廊。弥陀殿初建于唐代，现存为元代遗构，明弘治年间重修。殿内塑有阿弥陀佛及胁侍观音菩萨、大势至菩萨，有唐宋遗韵。在阿弥陀佛宝座的背后，悬塑有南海观音、善财童子、明王及供养人等，是具有宋代风格的彩塑精品。殿内两侧有明代补塑的十六罗汉及四大天王。十六罗汉都如真人般大小，神态各异，或目视前方、或盘膝而坐、或相向交谈、或面带微笑，个个栩栩如生、惟妙惟肖。

弥陀殿的阿弥陀佛像高4米，正中高坐，面相圆润，双目下视，双耳垂肩，左手置于腿上，右手半举，掌心侧向上，做说法状。左侧的观音菩萨，左手掌心朝上平举于腹前，右手施无畏印，举于胸前，身体微倾，神情庄严。右侧的大势至菩萨，圆脸细眉，口小鼻直，身披长巾，前胸裸露，左手掌心朝上举于身侧，右臂稍弯曲下垂，手捏帛带，身体微向前倾，姿态婀娜。整组塑像造型优美、线条流畅、比例协调、色彩富丽，有雍容华贵之气，上追唐风宋韵。

阿弥陀佛宝座背后的悬塑渡海观音被誉为“中国最美渡海观音塑像”。该塑像采用高浮雕手法，观音衣服的褶皱、头顶的祥云与飞舞的飘带，以及作为背景的大海波浪，构成了飘逸动感的画面，使整个画面鲜活起来。尤其是用层层叠叠、起起伏伏、深浅不同的曲线浮雕海水的波浪，在有限的空间内表现了大海漫无边际、波涛汹涌的气势，达到了咫尺千里的效果，可谓巧夺天工。观音菩萨顶戴华冠、胸挂璎珞，形象端庄，和蔼可亲，姿态优美。身旁的善财童子，造型别致，额头饱满、神情天真、小手圆润、萌态十足，足以称得上“最萌善财童子塑像”。

← 福胜寺弥陀殿观音菩萨悬塑

→ 福胜寺弥陀殿善财童子悬塑

新绛绛州大堂

位于新绛县城内

主要看点

+ 古代的州衙大堂规制一般为面阔五间，而绛州大堂面阔七间，颇为罕见；

+ 大堂前檐铺作为五铺作双昂，补间铺作同一攒斗拱上同时出现真、假昂，下面的假昂仅起装饰作用；

+ 檐下的阑额与普拍枋之间增加了粗大的内额，类似大同金代善化寺三圣殿的做法，前檐使用粗大的内额，是晋南地区元代建筑的特征；

+ 殿内共减少了 14 根内柱，是元代减柱比例最大的建筑；

+ 大堂内有 4 块大型石质莲花柱础，是唐代的建筑遗存。

↑ 绛州大堂

大堂面阔七间，进深八椽，单檐悬山顶。大堂始建于唐代，元代重修。东西长 29.20 米、南北宽 15.40 米，占地面积 449.68 平方米。大堂的建筑风格粗犷豪放，造型淳朴，前、后檐柱十分粗大，难以合抱。前檐柱头铺作为五铺作双昂，补间铺作同一朵铺作上同时出现真、假昂，下面的假昂仅起装饰作用，昂下皆设有华头子，下昂的华头子为隐刻。檐下的阑额与普拍枋之间增加了粗大的内额，类似大同金代善化寺三圣殿的做法，也是晋南地区元代建筑的特征之一。为了使大堂空间开敞，采用了减柱造、移柱造，仅保留了后槽的 4 根金柱，明间的 2 根柱子外移，共减少了 14 根内柱（应有内柱 18 根），是元代减柱比例最大的建筑。现在殿内的部分柱子为后来所加。大堂高大宽阔，六椽栿、四椽栿、平梁三架重叠，巍峨壮观。在六椽栿与四椽栿上出现连续 3 个托脚，支撑下平槫、中平槫、上平槫。在两梢间与尽间，前坡用斜梁，后坡用劄牵、乳栿，节省了两根六椽栿，并且在斜梁上使用托脚，比较少见。在古代，州衙大堂规制一般为面阔五间，而

← 绛州大堂前檐补间铺作

→ 绛州大堂《文臣七条》石刻

绛州大堂面阔七间，颇为罕见。全国现保留有 3 处古代的州衙大堂，绛州大堂是其中的佼佼者。据说唐太宗李世民东征高句丽，命大将军张士贵在绛州设帐募兵，薛仁贵就是在这里从军。现大堂内有大型石质莲花柱础，是唐代的建筑遗存。

在大堂北面的墙上，镶嵌着一通刻于北宋建中靖国元年（1101）的石碑《文臣七条》。《文臣七条》颁布于北宋真宗大中祥符二年（1009），是对当时文官提出的七项准则：“一曰清心。谓平心待物，不为喜怒爱憎之所迁，则庶事自正。二曰奉公。谓公直洁己，则民自畏服。三曰修德。谓以德化人，不必专尚威猛。四曰责实。谓专求实效，勿竞虚誉。五曰明察。谓勤察民情，勿使赋役不均，刑罚不中。六曰劝课。谓劝谕下民勤于孝悌之行，农桑之务。七曰革弊。谓求民疾苦，而厘革之。”《文臣七条》的关键词只有 14 个字：清心、奉公、修德、责实、明察、劝课、革弊，各条后面的简要说明也只有 80 个字，言简意赅，涉及德、勤、实、廉、能多个方面。在

↑ 绛州大堂采用了减柱造、移柱造

← 绛州大堂的六椽栿与四椽栿上出现连续 3 个托脚

→ 绛州大堂在两梢间与尽间，前坡用斜梁，后坡用劄牵，节省了两根六椽栿，并且在斜梁上使用托脚

《文臣七条》颁行 100 年之后，时任绛州知州将其刻石，并嵌于大堂之上，以警示自己和后继者。这通刻立于 900 多年前的为官准则石刻一直存于大堂之上，使这座千年古建的历史文化更加厚重。

新绛稷益庙

位于新绛县阳王镇阳王村

主要看点

+ 正殿的内额上置蜀柱、叉手，比较少见；

+ 稷益庙壁画不像通常在寺庙中所见的宗教壁画，而是再现了我国古代劳动人民征服大自然的艰苦历程，是画在墙壁上的一幅农业百事图，具有很高的历史文化价值和艺术价值。

← 稷益庙正殿在两次间与梢间的两缝梁架使用了八字斜梁，由前后乳栿斜搭于上平槫之下的内额上支撑劄牵

稷益庙中现存正殿、戏台，均为明代重修。正殿为五间六椽悬山顶建筑，明间阔大，约为两次间面阔的两倍。殿内梁架为六椽栿通檐用三柱，运用了减柱法，在两次间与梢间的两缝梁架使用了八字斜梁，由前后乳栿斜搭于上平槫之下的内额上支撑劄牵，内额上置蜀柱、叉手（比较少见），节省了两根四椽栿和六椽栿，只保留了后排的两根金柱，使祭祀区域显得十分开阔，也为人们观赏东西两壁的壁画提供了便利。殿内的四椽栿、六椽栿使用弯材，说明大殿是在元代基础上重修。

正殿内东、南、西三面满布壁画，完成于明正德二年（1507）九月十五日。壁画面积 130 平方米，保存基本完好。东、西两壁壁画以台阶式布局，宽 8.23 米，最高处达 6.18 米，整堂壁画共绘有人神 400 余位，是国内现存明代壁画中的巨幅佳作。虽然是明代壁画，但在线描方面继承了晋南地区元代壁画风格，线条的粗细多变化，笔力雄健、爽畅自然。

东壁壁画以三圣为中心布局。三圣为黄帝、伏羲、神农。整个画面左右对称。《三圣图》左右两侧均为《仕女图》，左侧的红色房柱

↑ 稷益庙正殿东壁《三圣图》左上侧《仕女图》

↓ 稷益庙正殿东壁左下方壁画《捕蝗图》

上雕刻着金色的祥龙，石栏板上的石雕作品清晰可见。中部左边绘有《狩猎图》，画面上有7位狩猎者，有的拿着猎物，有的手持猎刀，有的肩扛狩猎工具，背景是秀丽的山林。右边与狩猎者对应的是山林中的6位农夫，人物与树木布局自然协调。左下部的《捕蝗图》，描绘的是行进在朝圣队伍中的几位农夫，牢牢捆缚着一只蝗虫作为朝圣祭品。一位身着白色衣服的农夫，手中抓着捆绑蝗虫的绳子；旁边一位穿蓝色衣服的人端着盘子，盘中放着鸟；后边一位戴帽子的农夫手里提着笼子。农夫各有特色的面部表情与肢体动作的精彩刻画，把农夫对害虫的痛恨之情刻画得淋漓尽致。同时，画者对蝗虫精则进行了艺术夸张，使得蝗虫的形状狰狞可怖。《捕蝗图》显示了明代晋南民间画师非凡的想象力与高超的造型能力。

西壁壁画也以三圣为中心布局，西壁三圣为大禹、后稷、伯益。大禹头戴高冠，身着蓝袍，端坐中央。后稷坐于右首，手执谷穗。伯益坐于左首。台下一文官手执笏板面朝后稷，做禀报状。左边为《祭祀图》。祭祀的供品有猪、牛、羊，桌上摆着三个牌位。《祭祀图》上部为《耕获图》：画面中上部，一位正在耕地的农夫转过身来聆听后稷的指导；路上，一妇女肩挑饭篮、水罐为家人送饭，小心地过桥，一童子手捧水碗、食物走在妈妈的前面；田间，一农夫头戴斗笠，正在锄地，一老夫似乎听见小孩的喊声，回头张望前来送饭的母子。左下角的麦田中，两个农夫正在割麦，前边一年长者一手握镰，一手抓麦，回头和另一人说话。打麦场上，有人堆麦垛，有人打场，一头牛拉着碌碡正在碾摊在麦场上的麦子，一人手执鞭子赶牛，一人正拿着扫帚扫场，还有一人肩扛木杈正准备翻场，一小孩手拿簸箕在牛后拾粪。地上还放着木锨和耙子，都是打场需要的农具。碾好的麦子堆积如山，麦堆上插一面小旗，两人正在装袋。装好的粮食有的已放在驴背上准备驮走。壁画中的场景，正是晋南农村麦收时节的实景再现。

稷益庙壁画不像通常在寺庙中所见的宗教壁画，而是歌颂大禹、后稷、伯益为民造福的事迹，再现了我国古代劳动人民征服大自然的艰苦历程，可以说是画在墙壁上的一幅农业百事图。壁画内容丰富、场景宏大、布局严谨、色彩绚丽、画艺精湛，是研究我国古代农业历史的重要文物，具有很高的历史文化价值和艺术价值。

↑ 稷益庙正殿西壁左上方壁画《耕获图·送饭到地头》

↓ 稷益庙正殿西壁左上方壁画《耕获图·打麦场上》

绛县乔寺碑楼

位于绛县横水镇乔寺村北

主要看点

+ 碑楼的楼体高大，是我国现存古代旌表建筑中规模最大的单体砖石仿木碑楼；
+ 仿木的建筑构件制作精细；
+ 楼身部分有 8 层砖雕，线条流畅、造型优美、图案丰富、技艺精湛。

← 乔寺碑楼

乔寺碑楼建于清道光十七年（1837），是周氏家族为资政大夫周万钟所建的功德碑楼。当年建造碑楼时，从全国挑选了百余名工匠，耗时 3 年建成。碑楼坐北朝南，平面长方形，石砌台基上为 5 个碑室，竖立 7 通石碑（最右边的碑室竖 3 通）。楼身六间，以垂柱隔开。碑楼顶端为单檐歇山顶，屋脊上有脊饰、鸱吻、宝顶。屋顶有仿木的椽、飞椽以及砖雕斗拱，各种建筑构件制作精细。每个碑室

↑ 乔寺碑楼正面右上侧砖雕

↓ 乔寺碑楼右侧砖雕局部

之间有通柱石雕对联，上嵌石匾额。楼身部分有 8 层砖雕（两侧为 9 层），雕有人物、花卉、器物等，线条流畅、造型优美、图案丰富、技艺精湛。乔寺碑楼的楼体高大、建筑雄伟，是我国现存古代旌表建筑中规模最大的单体砖石仿木碑楼。

襄汾普净寺

位于襄汾县西南35千米的史威村

主要看点

+ 大佛殿内采用减柱法，只有后排的两根金柱，其他的柱子都被减去了，这是元代建筑减柱法应用的典范；

+ 大佛殿同时使用大内额与斜梁的做法，是国内古建筑中的首例；

+ 大佛殿内的文殊、普贤彩塑身材修长、姿态婀娜、衣纹自然，褶皱的呈现效果逼真，立体感极强，雕塑技艺精湛，是元代塑像中的精品。

↑ 普净寺大佛殿的八字斜梁

↓ 普净寺大佛殿次间、梢间的大内额

普净寺建于元大德七年（1303），明正统十年（1445）、成化九年（1473）、正德三年（1508）3 次重修，清代增建。现沿中轴线依次分布有天王殿、地藏殿、大佛殿。大佛殿为元代建筑，天王殿、地藏殿是元建明重修。

大佛殿是普净寺的主体建筑，也是普净寺的精华所在。大殿巍峨，面阔五间，进深六椽，单檐悬山顶。檐柱上有普拍枋，檐下柱头铺作为四铺作单昂。明间设 2 朵补间铺作，东、西次间，东、西梢间各设

1 朵补间铺作。殿内采用减柱法，只有后排的两根金柱，其他的柱子都被减去了，这是元代建筑减柱法应用的典范。东、西次间和梢间有大圆内额直通两山墙，次间的前后斜梁直接承托至平梁之下，形成八字斜梁，从而减去四椽栿及内柱、蜀柱、劄牵等构件。大佛殿同时使用大内额与斜梁的做法，是国内古建筑中的首例，是在金代减柱造基础上的进一步发展。

以后排的两根金柱制成佛龛，佛龛内塑释迦牟尼佛、文殊菩萨、普贤菩萨像（佛头和菩萨头多年前被盗，系后来补塑）。文殊、普贤身材修长、姿态婀娜、衣纹自然，褶皱的呈现效果逼真，立体感极强。造像的雕塑技艺精湛，是元代塑像中的精品。

← 普净寺大佛殿彩塑局部之一、之二

襄汾城隍庙

位于襄汾县汾城镇西部

主要看点

+ 城隍庙的门楼是三间四柱三檐牌坊式，飞起的屋檐翼角、精致的垂花柱、华丽的斗拱、细腻的雀替木雕，把大门烘托得十分壮丽；

+ 城隍庙大殿屋顶的彩色琉璃构件保存完整，色彩缤纷、流光溢彩。

← 城隍庙过路戏台

城隍庙建于明初，布局完整，由东、西牌坊，影壁，石旗杆，门楼，过亭戏台，献亭，大殿，钟楼，鼓楼及东、西两庑组成。城隍庙前有一条东西向的古巷，步入这条古巷，明清风韵扑面而来。古巷的东西两端建有跨街木牌坊，均为三间四柱式，东为“鉴察坊”，西为“翊镇坊”。东、西两座牌坊的中坊屋顶是阔大的歇山顶，把左、右坊的屋顶完全遮蔽于下，形成重檐效果。城隍庙位于古巷的北面。城隍庙的门楼是三间四柱三檐牌坊式，高高耸立的门楼，需要抬头仰视才能看得见全貌。飞起的屋檐翼角、精致的垂花柱、华丽的斗拱、细腻的雀替木雕，把大门烘托得十分壮丽。

进入大门，一座重檐歇山顶的过路式戏台近在眼前，上置台板为戏台，下面是人行通道。戏台后半部建为后堂，面阔三间。戏台的形制为凸形，从正面看，戏台前后两部分的房檐、屋脊形成了层层叠叠的效果，漂亮的木雕、斗拱、翼角、琉璃，美轮美奂。

戏台前方、大殿之前为一座四柱献亭，十字歇山顶，饰以彩色琉璃。献亭的八角形藻井，方圆结合，尽显木构建筑之美。

↑ 城隍庙献亭雀替木雕

↓ 城隍庙大殿屋顶的彩色琉璃构件

城隍庙大殿坐北朝南，面阔五间，进深六椽，单檐悬山顶，雄伟壮观。殿内采用减柱法，只用后排的两根金柱撑起一根粗壮的大内额，有元代遗风。前檐设有一排宽阔的回廊，回廊面阔七间，与大殿的屋顶分作两段。献亭、回廊、钟楼、鼓楼众星捧月般围绕着大殿，烘托出大殿的尊贵地位。大殿屋顶的彩色琉璃构件保存完整，色彩缤纷、流光溢彩。院内有数棵千年古柏，更增添了城隍庙的古意。在大殿两侧建有钟楼、鼓楼，均为重檐十字歇山顶楼阁式建筑。造型古拙的钟楼、鼓楼与献亭呈倒品字形布局，使得这部分建筑错落有致。

襄汾汾城社稷庙

位于襄汾县汾城镇南关石坡北侧

主要看点

+ 钟楼、鼓楼结构精巧，纯用木材建构，比较少见；
+ 钟楼、鼓楼的八卦藻井构图别致，8 根垂莲柱环绕着八卦藻井，白色的垂莲、红色的底板、黑色的八卦图案，组成绚丽的画面。

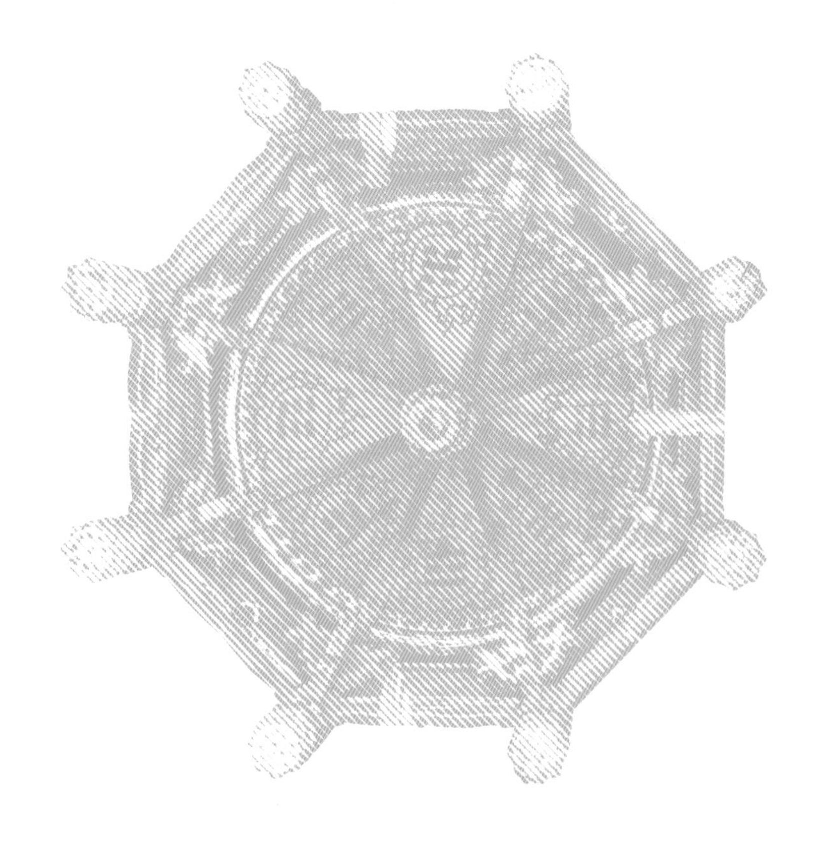

汾城社稷庙初建于明代洪武年间，比北京社稷坛的创修时间还要早。现存建筑建于清嘉庆十六年（1811），重修于道光九年（1829），是国内现存罕见的县级社稷庙。社稷庙坐北朝南，内有献殿，正殿，钟、鼓楼等建筑。

献殿面阔三间，卷棚式建筑，仅用两排 8 根木柱支撑，四面开敞，周围有木栅栏环绕。柱间的额枋木雕精美，架下有垂莲柱，北侧额枋有透雕的人物、博古图案，木雕精彩绝伦。

正殿面阔三间，歇山式建筑，两山墙前端设八字墙，墙心有砖雕对联：“圣德均同育物；神功总在宁民。”在正殿东西两侧有钟楼、鼓楼，为二层十字歇山式建筑。钟楼、鼓楼结构精巧，纯用木材建构，比较少见。一层没有出檐，四周有格栅护栏围绕，下部空间开阔，颇似一座亭子。

钟楼、鼓楼的八卦藻井构图别致，8 根垂莲柱环绕着八卦藻井，白色的垂莲、红色的底板、黑色的八卦图案，组成绚丽的画面。藻井中共出现了 16 根垂莲柱，在古建筑中稀见。

↑ 社稷庙正殿与献殿相接的屋檐

↓ 社稷庙鼓楼八卦藻井

隰县小西天

位于隰县城西1千米许的凤凰山巅

主要看点

+ 寺院的建筑布局以小巧取胜，既有一般寺院之布局，又深得园林建筑之旨；

+ 上院大雄宝殿的悬塑技艺高超，是中国17世纪的悬塑艺术精品，是中国古代雕塑艺术史上的悬塑之冠。

↑ 小西天大雄宝殿西壁悬塑及释迦牟尼佛与胁侍菩萨塑像

寺院建于明末，依山而建。寺院的建筑布局以小巧取胜。为了充分利用有限的空间，寺院中的大部分殿堂均为双层建筑，高低错落，红墙绿树，曲径通幽，既有一般寺院之布局，又得园林建筑之深旨。该寺分为上下两院。上院是全寺的精华所在，大雄宝殿面阔五间，进深六椽，单檐硬山顶，前有插廊。殿内的梁架上有漂亮的彩绘，花团锦簇。

↑ 小西天大雄宝殿西壁悬塑·十二乐伎

↓ 小西天大雄宝殿南壁悬塑·西方三圣

↑ 小西天大雄宝殿十大弟子塑像局部

殿内正面排列着相连的 5 个佛龛，供奉“释迦”“毗卢”“弥勒”“弥陀”“药师”，五佛端坐莲台之上，两旁有十大弟子和小沙弥。南壁悬塑“西方三圣”“四大天王”等佛教人物，北壁悬塑三十三层天、佛传故事等。勾栏平台上，十二乐伎身姿婀娜，翩翩起舞，飘逸灵动。整座大殿金碧辉煌、色彩缤纷，孔雀、仙鹤等珍禽在云上飞舞，五颜六色的花朵在园中盛开。楼阁层层，祥云缭绕，一派仙宫佛国景象。大殿内的彩塑颜色明艳，历经近 400 年完美如新。大殿的悬塑佛像达 1000 余尊，故称千佛庵。大殿内的悬塑造型生动、千姿百态、雕塑技艺高超，是中国雕塑艺术史上的悬塑之冠。赵朴初先生曾挥毫为大雄宝殿书联：“东土西方微尘不隔；人间天上万象庄严。”

蒲县东岳庙

位于蒲县城东的柏山之巅

主要看点

+ 蒲县东岳庙是国内现存体系最完整、保存彩塑最丰富的东岳庙建筑；

+ 献亭的石柱、柱础石雕，是金元遗存的石雕精品；

+ 东岳行宫大殿前檐柱头施兽面，在晋南地区的古建筑中不多见，显示出元代时晋南地区与晋北地区在建筑装饰艺术方面的交流；

+ 大殿东西两侧的回廊上建有东、西两座戏楼，戏楼和回廊构成一体，这样的形制比较少见；

+ 东岳庙庞大完整的地狱场景塑像，在现存古代寺庙中稀见。

东岳庙是一座规模宏大的祭祀东岳大帝的道教庙宇。庙宇坐北朝南，以东岳行宫为中心，周边环绕寝宫、昌衍宫、清虚宫、地藏祠、地府、乐楼、看亭、献亭、后土祠、圣母祠、太尉庙、将军祠、御马厅、花池庙等 60 余座建筑、280 余间房间。现存建筑中的东岳行宫大殿为元代建筑，其余为明清建筑。蒲县东岳庙是国内现存体系最完整、保存彩塑最丰富的东岳庙建筑。

东岳庙的建筑布局颇有自己的特色，庙宇内既有天堂楼、凌霄殿等天堂部分，又有戏楼、看亭等人间部分，还有地藏祠、十八层地狱等地狱部分。一处庙宇涵盖了天上、人间、地狱三大类别，这在古建筑中是比较罕见的。

献亭在东岳行宫大殿前，是四周开敞的方形亭子，单檐歇山顶。四角立有盘龙石柱，前两根柱子为金、元作品，后两根为明代作品，造型生动，盘龙或蓄势待发，或回首怒视，或腾云驾雾。西南角柱柱础上雕刻的浪花、鱼、龟、马等生动逼真，是金泰和六年（1206）蒲县郭下村石匠李霖制作，为金代石雕遗存中的精品。献亭的藻井十分别致，中央的木雕花朵正在绽放。

东岳行宫大殿是东岳庙中最高的建筑，位于中轴线中央。前面是献殿，后面是寝宫。大殿面阔五间，进深十椽，平面方形，重檐歇山顶。正脊上有 10 尊琉璃骑马武士，为稀见的古建筑屋脊装饰。一层四周围廊，除后檐当心间两根檐柱为圆形木质外，其余 18 根为石质抹棱檐柱。前檐柱头施兽面，在晋南地区的古建筑中不多见，显示出元代时晋南地区与晋北地区在建筑装饰艺术方面的交流。前檐柱头铺作为四铺作单杪，无补间铺作。二层前檐铺作为六铺作双杪单昂。一层柱间的普拍枋上塑童子、猴子、小鬼，门额正中是雷震子的塑像。殿内正中为神龛，塑东岳大帝坐像。

东岳行宫大殿东西两侧，一层为“七十二司”——砖砌窑洞 72 间，内塑东岳大帝管辖下治理阴间之事的 72 个专职衙门。二层进深四椽，单檐卷棚顶，中间不设隔墙，形成回廊。回廊上建有东、西两座戏楼。

↑ 东岳庙行宫大殿一层门额正中的雷震子塑像

↑ 东岳庙献殿金代柱础“泰和六年五月重五日”题记

↓ 东岳庙献亭的藻井

↑　东岳庙东岳行宫大殿与献殿

→　东岳庙行宫大殿两侧二层回廊上建有戏楼

戏楼和回廊构成一体，这样的形制比较少见。回廊上的东、西两座戏楼与大殿南面的主戏楼，排列成品字形，别具特色。南面的主戏楼有精美的木雕雀替，是清代木雕工艺中的佳作。戏楼的建筑充分运用了声学原理，东、西两座戏楼建在回廊上，在空间上具有聚拢声音的作用，再加上楼下的 3 个通道，形成了 5 个庞大的音箱。一层“七十二司”的窑洞将声音多角度反射，使戏台上的声音飘向庙院各处。

东岳行宫大殿之后，依次为寝宫、昌衍宫、清虚宫、地藏祠，之后便是藏有东岳庙最精华彩塑作品的地狱。地狱为砖券窑洞，由 3 组窑洞组成，砖券 15 孔窑洞式神龛。中间 5 孔为五岳殿，东、西两面为十王府。五岳殿供奉五岳大帝，十王府供奉十殿冥君。在神台下是大量的鬼卒塑像，完整地展现了地狱里受刑的画面。地狱里的鬼卒各司其职，有的推磨、有的拉锯、有的挖眼、有的搅油锅，表情狰狞可怖，姿态生动传神。在地狱塑像中，还穿插有“目连救母”“唐王游地狱”等场景。如此庞大完整的地狱场景塑像，在现存古代寺庙中稀见。

→ 东岳庙明代彩塑局部

翼城乔泽庙戏台

位于翼城县南梁镇武池村

主要看点

+ 戏台建筑面积 140 平方米，是目前已发现的最大的元代戏台；
+ 戏台的木柱结构精巧，共计四梁八柱；
+ 檐下铺作密集，前檐两根柱子的转角铺作与正面的铺作、两侧的铺作连为一体，四角的铺作各异；
+ 屋顶结构复杂，形成了复杂而又精巧的穹窿式藻井。

乔泽庙戏台建于元代，是目前已发现的最大的元代戏台。1985 年落架重修时，发现斗拱内有元泰定元年（1324）题记。戏台为单檐歇山顶，台基高 1.8 米，边长 13.3 米、面阔 9.38 米、进深 9.25 米，建筑面积 140 平方米。戏台平面呈方形，从外观而言，更像一座亭子。戏台的台前及两侧前部都十分敞亮，可三面观看。戏台的木柱结构精巧，四角立柱，柱高 3.67 米，两侧靠近后台 1/3 处各设 1 柱，后檐加设 2 根平柱，柱上承 4 个大额枋，共计四梁八柱。檐下铺作为五铺作双昂，铺作密集，四角的铺作各异。屋顶结构复杂，多层的抹角梁和井梁相结合，8 根由戗共同支撑中心雷公柱，形成了复杂而又精巧的穹窿式藻井（下段方形、中段八角形、上段圆顶八瓣）。

乔泽庙戏台的建造时间与洪洞广胜寺水神庙戏曲壁画的绘制时间为同一年，壁画作品与实物相印证，共同说明了这一时期是元杂剧的黄金时代、晋南地区是元代戏曲文化的中心。

← 乔泽庙戏台藻井

→ 乔泽庙戏台铺作的栌斗

↑ 乔泽庙戏台铺作之一（东南角内转）

↓ 乔泽庙戏台铺作之二（西南角内转）

临汾牛王庙戏台

位于临汾市尧都区魏村镇魏村

主要看点

+ 国内发现最早的有确切始修纪年、重修纪年的古代戏台，弥足珍贵；

+ 屋顶的藻井由方形和八角形构成，井口枋、斗拱、抹角梁、垂花柱、小八角藻井层层缩小，精巧美观。

牛王庙戏台建于元至元二十年（1283），大德七年（1303）大地震被损坏，至治元年（1321）重修。前台西侧石柱上刻有“蒙大元国至元二十年岁次癸未季春竖”题记，东侧石柱上刻“维大元国至治元年岁次辛酉孟秋月下旬九日立石”题记，这是国内发现最早的有确切始修纪年、重修纪年题记的古代戏台，弥足珍贵。

戏台为木构亭式建筑，台基高 1 米，面阔 7.45 米、进深 7.55 米，屋顶为单檐歇山顶。戏台平面呈正方形，三面开敞，正面为台口。两侧后部 1/3 处，各设辅柱一根，柱后砌山墙与后墙相连，演出时在两辅柱间设幕布，把舞台区分为前后台两部分。前台两边无山墙，可三面观看。

戏台四角立柱，柱子侧脚明显，框架稳固，前檐两柱为抹角石柱。石柱正面雕牡丹、童子，立体感极强，柱子的抹角面雕刻创建与重修年代。檐下铺作为五铺作双杪。梁架结构，在 4 根角柱上设大斗，大斗上施交叉的绰幕枋，承托 4 根粗大的额枋，形成稳固的方框结构，

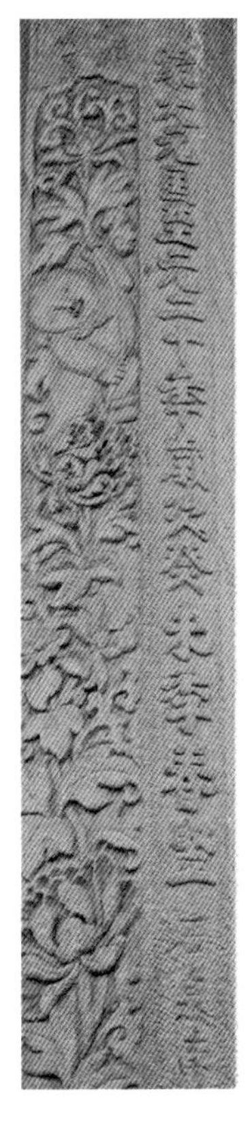

承受整个屋顶的重量。屋顶的藻井由方形和八角形构成，井口枋、斗拱、抹角梁、垂花柱、小八角藻井层层缩小，精巧美观。藻井共分 3 层井口、3 层斗拱，斗拱的大小由下到上层层递减。第一层井口是四面的大额枋，施一圈斗拱，共 12 朵。每面居中的两朵斗拱出斜拱托抹角梁，抹角梁承大斗托十字绰幕枋，上承第二层井口枋，其上有第二层斗拱 12 朵。第二层斗拱每面正中的一朵斗拱出斜拱托抹角梁，抹角梁中部有垂花柱托第三层井口枋。第三层井口内设 4 个抹角梁构成八角形，其上施 8 朵斗拱构成小八角藻井。小八角藻井内施横木，横木中间以雷公柱固定。清代康熙三十四年（1695），晋南一带发生大地震，牛王庙的其他建筑被夷为平地，只有这座元代戏台巍然屹立。

戏台对面是献亭、广禅侯殿，从建筑风格来看，也是在元代基础上重修的。献亭为十字歇山顶，在 4 根角柱上施交叉的绰幕枋，承托 4 根大额枋，屋顶的藻井也十分别致。广禅侯殿面阔三间，进深六椽，单檐悬山顶，带前廊。

↑ 牛王庙戏台石柱题记（左东、右西）

→ 牛王庙戏台的藻井

临汾东羊后土庙

位于临汾市尧都区土门镇东羊村

主要看点

+ 国内现存元代戏台中唯一的一座十字歇山顶戏台；
+ 屋顶的藻井由密集的3层斗拱叠成，形成“八卦攒顶”，层次感很强，起到了装饰屋顶的作用，是元代戏台藻井建筑的典范；
+ 仪门为重檐牌坊，下层檐下施蜂巢斗拱，在古建筑中罕见。

东羊后土庙始建于元至元二十年（1283），毁于元大德七年（1303）地震，重修于元至正五年（1345），现存山门、戏台、仪门、圣母殿等。

戏台为元代遗存，台基高 1.75 米，面阔 7.47 米、进深 7.55 米，是一座三面封闭、正面开敞的平口戏台。戏台出檐深远，角柱生起明显，檐口弧线优美。屋顶为十字歇山顶，是国内现存元代戏台中唯一的一座十字歇山顶戏台。在戏台前檐石柱上，有“至正五年本村石匠王且”题记，柱上浮雕莲花、童子，右前柱雕一男童，左前柱雕一女童。檐下斗拱密集，四面各有 7 朵，共计 24 朵，均为六铺作三杪。梁架结构，在 4 根角柱上设大斗，大斗上交叉承托通檐由额，4 根由额之上承粗大圆额，上施斗拱承托屋顶。

屋顶的藻井由密集的 3 层斗拱叠成，形成“八卦攒顶”。因为漂亮的八卦藻井，当地称此戏台为“八卦戏台”。藻井结构复杂，第一层斗拱由 4 根大额枋之上的 24 朵斗拱组成，每个角有一组斗拱出斜

← 后土庙戏台藻井

→ 后土庙仪门上的蜂巢式斗拱

拱上托抹角梁；抹角梁承托第二层井口枋，其上施 4 根角梁和一圈斗拱 16 朵；角梁和二层斗拱的挑斡之上施 8 朵斗拱，构成第三层斗拱；第三层斗拱已经挨在一起，围成一个八卦形，一圈斗拱的挑斡插入中心雷公柱，形成漂亮的八卦攒尖。

古建筑中的藻井一般不与梁架发生关系，在结构上独立于梁架，但东羊后土庙的藻井与梁架相融合，将梁架的一部分纳入藻井中，角梁、抹角梁、井口枋、斗拱共同组成了华美的藻井。这样的藻井结构，层次感很强，起到了装饰屋顶的作用，是元代戏台藻井建筑的典范。

仪门为重檐牌坊，屋顶为重檐庑殿式，下层檐下施蜂巢斗拱，这种样式在古建筑中罕见。

后土圣母殿为明代建筑，面阔三间，进深四椽，单檐悬山顶。殿内保存有明代彩塑，大小塑像共计 161 尊。

临汾王曲村东岳庙戏台

坐落于临汾市尧都区吴村镇王曲村

主要看点

+ 清代在元代戏台前增修一卷棚抱厦，缩于歇山檐下作为前台，像这样由不同时期的建筑组成的复合戏台，在古代戏台建筑中罕见；

+ 戏台中央的藻井结构奇特，以斗拱叠架的手法形成空灵深邃的三角形、四边形等几何形状。

← 东岳庙戏台

→ 东岳庙戏台藻井

戏台原属东岳庙的附属建筑。戏台为前后台式的复合戏台，元代戏台现为后台，呈方形，单檐歇山顶；清代在元代戏台前增修一卷棚抱厦，缩于歇山檐下作为前台。像这样由不同时期的建筑组成的复合戏台，在古代戏台建筑中罕见。元代戏台的 4 根角柱粗大，角柱承交叉的绰幕枋托大额，大额上施大斗置斗拱。东、西墙于后部 1/3 处各立一辅柱，可见元代戏台原来是三面观的戏台，现在东西两侧整面砌墙是清代补建前台时所为。

戏台中央的藻井结构奇特，以斗拱叠架的手法，形成空灵深邃的三角形、四边形等几何形状。第一层井架是四面的大额枋，上面排列一圈 16 朵斗拱，每个角有两组斗拱出斜拱形成抹角梁，其上施 4 根角梁承托第二层井口枋，其上施 8 朵斗拱，构成第二层斗拱；第二层斗拱承托第三层井口枋，又是每个角有两组斗拱出斜拱形成抹角梁；第三层井口枋和抹角梁上再施 8 朵斗拱，一圈斗拱的挑斡插入中心雷公柱，最终形成空灵的藻井。

洪洞广胜寺

坐落于洪洞县城东北17千米的霍山南麓

主要看点

+ 上寺飞虹塔是国内现存最大、最完整的明代琉璃塔；
+ 上寺弥陀殿精美的菩萨立像，是广胜寺的珍品之一；
+ 上寺大雄宝殿佛龛上的镂空浮雕，被梁思成先生誉为“木雕中之无上好品”；
+ 下寺前佛殿的人字斜梁是我国古代建筑中罕见的实例；
+ 下寺大雄宝殿的塑像为元代塑像精品；
+ 水神庙中有我国古代唯一的一幅大型元代戏剧壁画。

→ 广胜寺飞虹塔

现在广胜寺中的主要建筑，大多是元朝大德七年（1303）大地震之后重新建筑遗存下来的，只有上寺的飞虹塔和大雄宝殿是明代的建筑。现存的广胜寺是以元代风格为主的古建筑群，具有很高的历史价值。上世纪 30 年代，《赵城金藏》在广胜寺被发现，轰动了国内学术界，广胜寺之名传遍全国。梁思成先生在考察了广胜寺的古建筑之后说："国人只知道藏经之可贵，而不知广胜寺建筑之珍奇。"

广胜寺由上寺、下寺、水神庙三部分组成。上寺因为位于山顶，故称上寺。上寺有一座 13 层的琉璃佛塔，这就是有名的飞虹塔。塔高 47 米，平面为八角形，砖砌塔身，外镶黄、绿、蓝三色琉璃烧制的神龛、斗拱、莲瓣、盘龙、人物、鸟兽和各种花卉图案，把塔身装饰得绚丽多彩，宛如飞虹，故名飞虹塔。1934 年，林徽因、梁思成考察广胜寺时，认为虽然飞虹塔的各种琉璃瓦饰用得繁缛不得当，“如各朵斗拱的耍头均塑作狰狞的鬼脸，尤为滑稽”“但就琉璃自身的质地及塑工说，可算无上精品”。塔的底层有补建于天启二年（1622）的木围廊，在围廊之上，南面出抱厦一间，十字歇山顶。塔的收分很急，愈往上塔身愈窄，最上层只有底层的 1/3 左右，由于各层的檐角没有翘起，上下各层的塔檐轮廓成一直线。飞虹塔是广胜寺的标志性建筑，是广胜寺的建筑之魂。飞虹塔建成于明嘉靖六年（1527），是国内现存最大、最完整的明代琉璃塔，虽然历经近 500 年的风雨沧桑，依然鲜艳如新，被专家们称为我国明代琉璃建筑的代表作品，是广胜寺的珍品之一。在飞虹塔的第二层，有藏式喇嘛塔一座，高 3.5 米，形成了“塔中塔”。飞虹塔和山西应县木塔、河南登封嵩岳

← 广胜寺飞虹塔琉璃构件

→ 广胜寺上寺弥陀殿梁架

塔、云南大理千寻塔，并称为中国四大名塔。1983年版电视剧《西游记》中的《扫塔辨奇冤》，祭赛国的金光寺塔正是取景于飞虹塔。

飞虹塔之北的弥陀殿是上寺的前殿，面阔五间，进深六椽，单檐歇山顶，虽经明代重修，但梁架结构是元代遗构。前檐铺作为五铺作双昂，后檐铺作为五铺作单杪单昂，前檐当心间用补间铺作2朵、次间1朵、梢间不用，东西两侧的山面不用补间铺作，这种正面与侧面完全不同的补间铺作布置，在其他地方很少见到。当心间开门，没有开设窗户，也比较少见。阑额较细，普拍枋宽大。梁思成先生当年考察时，认为此殿的普拍枋在柱头上采用《营造法式》所说的“勾头搭掌”的做法，让他们“初次开眼”。（实际上，现存最早使用普拍枋的平顺大云院的普拍枋在柱头处就是采用“勾头搭掌”的做法，这也是山西各地古建筑的普遍做法。）殿内两山下使用了两根大昂，昂的下端承托在殿内山面铺作的耍头之上，昂头伸出殿外作为山面铺作的耍头，后尾高高翘起，直接支撑着平梁的中段，在结构上尤为巧妙。为了扩大殿内空间，采用了减柱与移柱并用的方法，前后仅用4根柱子。这4根柱子并没有像一般建筑物那样设在当心间的两侧，而是移到次间的中线上。

殿内供奉阿弥陀佛、观音菩萨、大势至菩萨，

← 广胜寺上寺弥陀殿胁侍菩萨立像（供图：杭州大视角文化公司）

两侧有胁侍菩萨立像，面相圆润、神态凝重，胸佩璎珞、足踏麒麟，梁思成先生认为其有宋代雕塑的风韵。精美的菩萨立像，是广胜寺的又一珍品。殿中的扇面墙上有大幅壁画，为众多菩萨拜佛的画面。东壁绘有水陆画。著名的佛教经典金版《大藏经》曾收藏在弥陀殿内，后来被称为《赵城金藏》。

上寺的中殿即大雄宝殿，面阔五间，进深六椽，单檐悬山顶。大殿的佛龛内供奉着释迦牟尼佛和文殊菩萨、普贤菩萨，是金元时期的木雕精品，造型秀美、栩栩如生，有宋代遗风。3 间佛龛上镂空浮雕的花草、瑞兽、几何纹，刀法细腻、雕工一流，被梁思成先生誉为“木雕中之无上好品”。在殿内正中的上方有一块“光辉万古”匾，上款“癸巳菊月”，落款“皇四子和硕雍亲王敬

→ 广胜寺上寺大雄宝殿佛龛上的浮雕

书”。“癸巳”即康熙五十二年（1713），当时雍正的身份是和硕雍亲王。雍正题写的匾额很少，以皇子身份所写的匾额更为罕见。

大雄宝殿西侧有韦驮殿，殿内的韦驮塑像，头戴精美的头盔，身穿考究的铠甲，手足的造型极具动感，显露出英武之气，是许多寺院里的韦驮塑像所无法比拟的，属于元代雕塑精品。

上寺的后大殿称毗卢殿，面阔五间，进深四间，单檐庑殿顶。明代重修，梁架保留了元代遗构。由于在屋顶没有推山，屋顶正脊的长度很短，在屋顶外观上很少见。前檐柱头铺作为五铺作双下昂，当心间用补间铺作 2 朵，两次间、两梢间以及两山各用 1 朵。殿内两山面中线上有大昂尾挑于上平槫之下，四根金柱外移。该殿南面当心间设格扇门，门上的格眼由许多梭形和箭形的木雕片镶成，做工十分精细，代表了明代小木作工艺的最高水平。殿内奉毗卢遮那佛、阿閦佛、阿弥陀佛三佛及胁侍菩萨、护法金刚等像。

上寺地藏殿的悬塑菩萨像十分精美。地藏王菩萨端坐正中，十殿阎王位于两旁，周边采用悬塑彩绘描金手法，楼阁错落、塑像林立、色彩缤纷，为明代作品，颇为珍贵。

广胜寺的下寺建于霍山脚下，依山傍水。下寺的建筑群由天王殿、前佛殿、钟楼、鼓楼、大雄宝

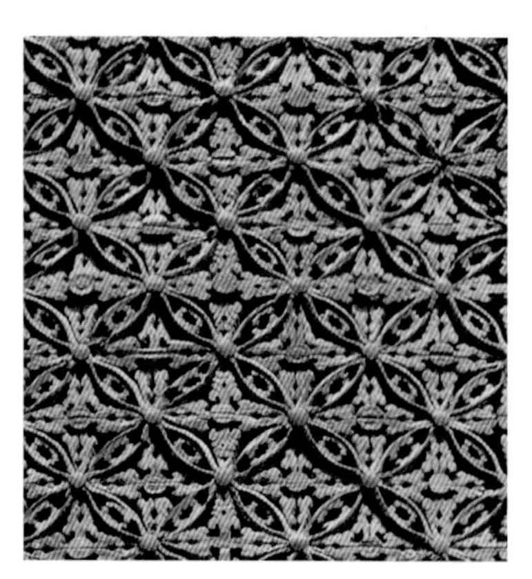

↑ 广胜寺上寺单檐庑殿顶的毗卢殿

↓ 广胜寺上寺毗卢殿格扇门图案（左：西侧，右：东侧）

↑ 广胜寺上寺地藏殿悬塑菩萨像（供图：杭州大视角文化公司）

殿、配殿等组成。天王殿现在是下寺的山门，面阔三间，进深四椽，单檐歇山顶，是一座别致的元代建筑。因为在前、后檐下各有“垂花雨搭”，在视觉上形成了重檐的效果，这也是古建筑中的孤例。阑额在角柱的出头处斫作楷头，普拍枋抹角。檐下为五铺作单杪单昂，侧面山柱上用双杪，耍头为蚂蚱形。“垂花雨搭”由檐柱挑出的四根悬柱支撑，悬柱之间有阑额、普拍枋，在普拍枋之上为单杪四铺作。梁思成先生当年考察时有云：“山门外观奇特，最饶古趣。”天王殿内的梁架特殊，使用了三个月梁、三个蜀柱，中间的蜀柱上有丁华抹颏拱，两山面有斜起的大昂搭于四椽栿上，平梁上没有使用叉手，两侧使用了连续的两个托脚。尤其是在平梁上并立了三个蜀柱，属于古建

↑　广胜寺下寺天王殿前、后檐下各有“垂花雨搭”，在视觉上形成了重檐的效果

←　广胜寺下寺前佛殿的人字形梁架

→　广胜寺下寺大雄宝殿，前、后檐次间和梢间的乳栿斜搭于原木大内额之上，成为八字斜梁承托四椽栿

↓ 广胜寺下寺大雄宝殿侍立菩萨塑像

筑中少见的情形。

下寺前佛殿面阔五间，进深六椽，单檐悬山顶。除了前檐当心间有一朵补间铺作外，前、后檐都只有柱头铺作，显得古朴简洁。殿内的梁架为四椽栿接后乳栿，结构奇特，仅在当心间前后立内柱，次间不用。在当心间内柱与山柱之间，施庞大内额，而在次间与梢间之前、后檐柱上，自斗拱上安置向上斜起的梁，犹如巨大的昂尾，前后两大昂尾相抵于平梁之下，形成人字形爬梁，承托着平梁的中部，斜梁伸出殿外作为铺作上的衬方头。这种人字斜梁是我国古代建筑中罕见的实例。梁思成先生认为，这种梁架结构是罕见的宋代以前的建筑规制，日本早期的一些古建筑也传承了这种梁架结构，但并不是日本的自创。殿内两山的梁架用材极轻秀，为一般大建筑物中少见。前佛殿东西两侧有小巧的钟、鼓楼，紧挨着大殿，底层开门，上层十字屋脊。钟、鼓楼如此安排，形制罕见。

下寺的大雄宝殿俗称后大殿，乃下寺的主殿，是元代木构建筑的代表，巍峨壮观。该大殿面阔七间，进深八椽，单檐悬山顶。前檐柱头铺作为五铺作单杪单昂，没有补间铺作。殿内的梁架结构也采用了减柱法和移柱法，多处使用弯料。传统的梁架结构，应该是在殿内前后排列两行金柱，每行各为 6 根。但此殿为四椽栿对接前后乳栿用四柱，在前后排左右两边的次间、梢间、尽间处各用了一根长跨三间的原木大内额，以承重次间和梢间的梁架，前后排各用了 4 根柱子（即减柱法），并且都移开了应该在的位置（即移柱法）。这样，前后两排都减少了金柱，殿内空间加大，形成近 500 平方米的开敞空间。前、后檐次间和梢间的乳栿斜搭于原木大内额之上，成为八字斜梁承托四椽栿，和前佛殿的人字形梁架近似。这种同时使用大内额与斜梁的建筑，始见于襄汾的普净寺大佛殿。

殿内靠墙有长方形佛坛，佛坛上有三世佛，文殊、普贤二菩萨及侍立菩萨塑像，为元代塑像精品。毗卢舍那佛前现存的一尊胁侍菩萨，眉目清秀、小嘴高鼻，衣纹的线条流畅。梁思成先生对殿内塑像评价很高：“侍立诸菩萨尤为俏丽有神，饶有唐风，佛容衣带，庄者庄，逸者逸，塑造技艺，实臻绝顶。”

水神庙位于广胜寺下寺的西侧，与下寺仅一墙之隔。据《隋书·礼仪志》记载：“开皇十四年闰十月，诏东镇沂山、南镇会稽山、北镇医巫闾山、冀州镇霍山，并就山立祠。……其霍山，雩祀日遣使就焉。十六年正月，又诏北镇于营州龙山立祠。东（中）镇晋州霍山镇，若修造，并准西镇吴山造神庙。”雩祀是国家举行盛大礼仪高规格的祈雨活动。如此看来，霍山之麓的水神庙可不是一般的水神庙，它是进入国家祭祀序列的最高等级的水神庙。霍山水神庙初建于隋代开皇十四年（594）。现存的水神庙主殿明应王殿，为元仁宗延祐六年（1319）重修。水神庙虽然不是佛教寺庙，但在历史上一直由下寺的僧人管理，因而和广胜寺关系密切。明应王殿面阔、进深各五间，重檐歇山顶，大殿四周有围廊。前檐柱头铺作为五铺作双杪，明间有补间铺作一朵。柱间的额枋下有木雕。殿内采用了减柱法，减去了前排的两根金柱，使祭祀区域的空间更加开阔。殿的四壁绘满了元代的风俗壁画，这是中国古代为数不多的不涉及佛教和道教内容的壁画。东壁的《龙王行雨图》和西壁的《祈雨图》相呼应。在南壁的东半部分绘有一幅“大行散乐忠都秀在此作场”的元代戏剧壁画，这是我国目前发现的唯一一幅大型元代戏剧壁画，是研究中国戏剧发展史和舞台艺术的珍贵资料，被誉为广胜寺一绝。这幅戏剧壁画上共有 11 个人物，前排 5 人，后排 6 人。前排的 5 人是生旦净末丑角色，中间的演员女扮男装，说明当时男女演员已经开始同台演出。后排 6 人，右边的那个人从后台探出半个身子探望，有

↑ 广胜寺水神庙·戏剧壁画（供图：杭州大视角文化公司）

← 广胜寺水神庙·《王宫尚食图》壁画（供图：杭州大视角文化公司）

→ 广胜寺水神庙·《王宫尚宝图》壁画（供图：杭州大视角文化公司）

4 人是乐队成员，其中有一位女乐手。殿内的壁画内容丰富，还有《王宫尚宝图》《王宫尚食图》《梳妆图》《对弈图》《捶丸图》《卖鱼图》等，为研究古代的戏剧、体育、民俗、服饰、建筑等提供了极为珍贵的历史资料。有研究者认为，壁画中的《梳妆图》《对弈图》《捶丸图》《卖鱼图》是古人采用汉字的谐音，用图中的镜子、对弈、打球、卖鱼表达“敬意求雨”之意。此观点是有道理的。

《王宫尚食图》《王宫尚宝图》在北壁神龛的两侧，描绘了水神宫廷生活的场景。神龛东侧为《王宫尚食图》，占据了东侧的整个墙壁，是一幅饮食题材壁画，画面高 5.38 米、宽 3.25 米，呈现的是膳房场景，反映了水神王宫中侍女们备食、奉食的情景，是我国古代壁画中罕见的大尺幅饮食题材类壁画。画面的中间有一条案，以条案为中心画有侍女 9 人：6 人手端食品盘，1 人持鹤羽而立，2 人正在火炉旁忙着烧水。画面上的人物线条流畅、妆容秀美，衣饰色彩富丽，姿态、动作各异，形态逼真。持鹤羽的侍女，为了保持身体平衡，身子微微向右倾。条案前的 3 位侍女，分别捧盏、端壶、献食，准备随时迈步而出。后排最左侧的侍女，左手捧着一只小碗，正用右手的手背贴着碗壁，想知道碗中食物的温度是否合适，刻画细微。火炉旁的两个侍女，其中一人蹲在炉前掏炉灰，另一人左手提壶，右手用衣袖遮盖头发，防止炉灰扑面。画师把二人瞬间的动作定格，极富生活气息，也是整幅作品中最具动感的地方。画师在侍女衣服上点缀的小碎花，器皿上装饰的几何纹样、植物纹样、八卦纹样，都起到了丰富画面的作用。作为画面背景的隔扇门和帷幔都使用了暖色，尤其

是黄色的帷幔，使得画面富丽堂皇。

神龛西侧为《王宫尚宝图》，画有侍女 7 人：或抱古琴，或捧如意，或端寿桃，或端花瓶，既有正面像，又有背面和侧面像。桌子上摆放着宝瓶、玉盏、铜鼎。桌下有一个放置水果的木斗，为了水果保鲜，在木斗中放置了冰块，说明 700 年前的古人已用冰块来为食物保鲜。

《梳妆图》在东壁的北侧上方。古柏、翠竹、花卉间，一位女子正在举着双手整理自己的发髻，4 位侍女手中拿着不同的东西。东壁北下部绘有《卖鱼图》，桌上摆着酒缸、酒壶、酒杯、汤勺等器皿。有 6 个人物：桌后 2 人，一老一少，老者斟酒，少者捧杯；桌旁 2 人，其中一人手捧果盘，二人都注视着正在复秤的官员手中的秤；渔翁上着黄衫、下穿白裤，背后腰带斜插一把长柄弯钩，右手提着鲜鱼，身体微向前倾，面带微笑看着复秤官员的脸色，似乎正和官员讨价还价；复秤的官员身体微向前倾，秤钩上吊着 3 条鱼，他的左手护着秤砣，两眼盯着秤星。画面中，把身份卑微、看人脸色的卖鱼翁刻画得惟妙惟肖。

→ 广胜寺水神庙·《梳妆图》壁画

← 广胜寺水神庙·《卖鱼图》壁画

《捶丸图》绘在西壁北侧上方，在山间的一块平地上，两位官员一东一西，持杆俯身拾球，做攻球状，旁边有两位侍者站立。地上有一球洞，将球打入洞内即为赢。从画面的情形看，颇像现代的高尔夫球运动。画面上山势起伏、白云缭绕、树木葱葱、涧水淙淙，宛若仙境。《对弈图》位于西壁北侧下方，画面以山石、瀑布、树木为背景，两位官吏在山间对坐下棋，旁边有 4 位神态各异的侍者观战。右边穿红色衣服的官员正在往棋盘上落子，左边的官员左手拄于腿上，右手放在棋罐中。几位侍者都手拿东西恭候一旁。从棋盘来看，似有象棋的汉河楚界，但从棋罐来看，又似乎是围棋。

→ 广胜寺水神庙·《捶丸图》壁画

→ 广胜寺水神庙·《对弈图》壁画

参考书目

+ 刘敦桢．中国古代建筑史［M］．北京：中国建筑工业出版社，1984.

+ 柴泽俊．山西古代彩塑［M］．北京：文物出版社，2008.

+ 梁思成．中国建筑史［M］．北京：生活·读书·新知三联书店，2011.

+ 朱向东，赵青，王崇恩．宋金山西地域建筑营造［M］．太原：三晋出版社，2016.

+ 张明远．山西古代寺观彩塑·辽金彩塑［M］．太原：山西人民出版社，2018.

+ 郑庆春，杨国柱．历史的卷轴——山西古代建筑［M］．太原：三晋出版社，2019.

+ 李会智．山西唐至清宗教木构建筑梁架结构演化及图解［J］．文物世界，2016（1—3）．